定期テスト超直前でも平均+10点ワーク

JN024994

中2 数学

文英堂

はじめに

中学の定期テストって？

部活や行事で忙しい！

中学校生活は，部活動で帰宅時間が遅くなったり，土日に活動があったりと，まとまった勉強時間を確保するのが難しいことがあります。

テスト範囲が広い！

また，定期テストは「中間」「期末」など時期にあわせてまとめて行われるため範囲が広く，さらに，一度に5教科や9教科のテストがあるため，勉強する内容が多いのも特徴です。

だけど…

中2の学習が，中3の土台になる！

中2で習うことの積み上げや理解度が，中3さらには高校での学習内容の土台となります。

高校入試にも影響する！

中3だけではなく，中1・中2の成績が内申点として高校入試に影響する都道府県も多いです。

忙しくてやることも多いし…，
時間がない！

テスト直前になってしまったら
何をすればいいの!?

テスト直前でも，
重要ポイント＆超定番問題だけを
のせたこの本なら，
爆速で得点アップできる！

本書の特長と使い方

この本は，**とにかく時間がない中学生**のための，
定期テスト対策のワークです。

1. 基本をチェック でまずは基本をおさえよう！

テストに出やすい基本的な**用語や問題を穴埋め**にしています。
空欄を埋めて，大事なポイントを確認しましょう。

2. 10点アップ！ の超定番問題で得点アップ！

超定番の頻出問題を，**テストで問われやすい形式**でのせています。
わからない問題はヒントを読んで解いてみましょう。

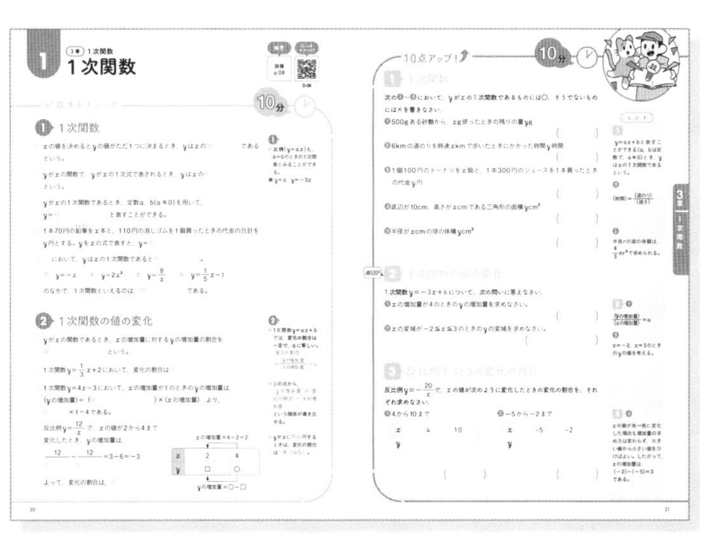

3章 1次関数

1 1次関数

別冊 p.08

D-08

10分

❶ 1次関数

xの値を決めるとyの値がただ1つに決まるとき，yはxの　　　である という。

yがxの関数で，yがxの1次式で表されるとき，yはxの　　　という。

yがxの1次関数であるとき，定数a，$b(a \neq 0)$を用いて，$y=$　　　と表すことができる。

1本70円の鉛筆をx本と，110円の消しゴムを1個買ったときの代金の合計をy円とする。yをxの式で表すと，$y=$

において，yはxの1次関数であると　　　。

$y=-x$　$y=2x^2$　$y=\frac{8}{x}$　$y=\frac{1}{5}x-1$

のなかで，1次関数といえるのは，　　　である。

❶ 比例($y=ax$)も，$b=0$のときの1次関数とみることができる。
例 $y=x$，$y=-3x$

❷ 1次関数の値の変化

yがxの関数であるとき，xの増加量に対するyの増加量の割合を　　　という。

1次関数$y=\frac{1}{3}x+2$において，変化の割合は

1次関数$y=4x-3$において，xの増加量が1のときのyの増加量は，
(yの増加量)＝(　　　)×(xの増加量) より，
　×1＝4である。

反比例$y=\frac{12}{x}$で，xの値が2から4まで変化したとき，yの増加量は，

$\frac{12}{\ }-\frac{12}{\ }=3-6=-3$

よって，変化の割合は，

xの増加量＝4－2＝2

x	2	4
y	□	○

yの増加量＝○－□

❷ 1次関数$y=ax+b$では，変化の割合は一定で，aに等しい。

上の式から，という関係が導き出せる。

yがxに　　　するときは，変化の割合は　　　。

20

10点アップ！

10分

❶ 1次関数

次の❶～❺において，yがxの1次関数であるものには○，そうでないものには×を書きなさい。

❶500gある砂糖から，xg使ったときの残りの量yg　（　　）

❷6kmの道のりを時速$x$kmで歩いたときにかかった時間y時間　（　　）

❸1個100円のドーナツをx個と，1本300円のジュースを1本買ったときの代金y円　（　　）

❹底辺が10cm，高さが$x$cmである三角形の面積$y$cm²　（　　）

❺半径が$x$cmの球の体積$y$cm³　（　　）

ヒント

$y=ax+b$と表すことができる(a，bは定数で，$a \neq 0$)とき，yはxの1次関数であるという。

❷ (時間)＝$\frac{(道のり)}{(速さ)}$

❺ 半径rの球の体積は，$\frac{4}{3}\pi r^3$で求められる。

3章 1次関数

1次関数$y=-3x+6$について，次の問いに答えなさい。

❶xの増加量が4のときのyの増加量を求めなさい。　（　　）

❷xの変域が$-2 \leqq x \leqq 3$のときのyの変域を求めなさい。　（　　）

❶ $\frac{(y の増加量)}{(x の増加量)}=a$

❷ $x=-2$，$x=3$のときのyの値を考える。

反比例$y=-\frac{20}{x}$で，xの値が次のように変化したときの変化の割合を，それぞれ求めなさい。

❶4から10まで

x	4	10
y		

（　　）

❷-5から-2まで

x	-5	-2
y		

（　　）

❷ xの値が負→負に変化した場合も増加量の求め方は変わらず，大きい値から小さい値をひけばよい。したがって，xの増加量は，$(-2)-(-5)=3$である。

21

答え合わせ はスマホでさくっと！

その場で簡単に，赤字解答入り誌面が見られます。（くわしくはp.04へ）

ふろく 重要用語・公式のまとめ

巻末に中2数学の重要用語・公式をまとめました。
学年末テストなど，1年間のおさらいがさくっとできます。

“さくっとマルつけ”システムについて

● 本文のタイトル横のQRコードを，お手持ちのスマートフォンやタブレットで読み取ると，そのページの解答が印字された状態の誌面が画面上に表示されます。別冊の「解答と解説」を確認しなくても，その場ですばやくマルつけができます。

QRコードはここ！

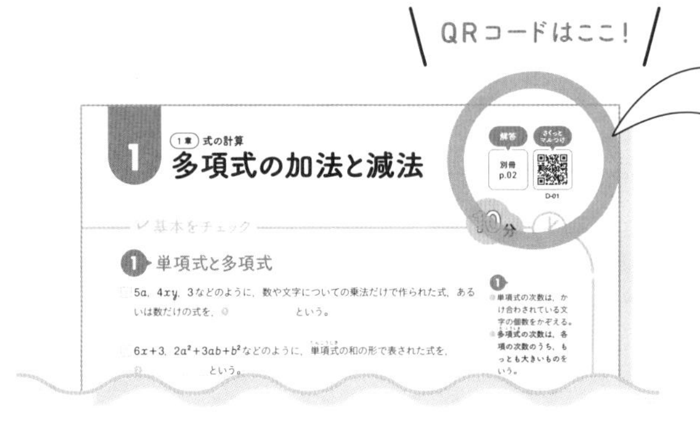

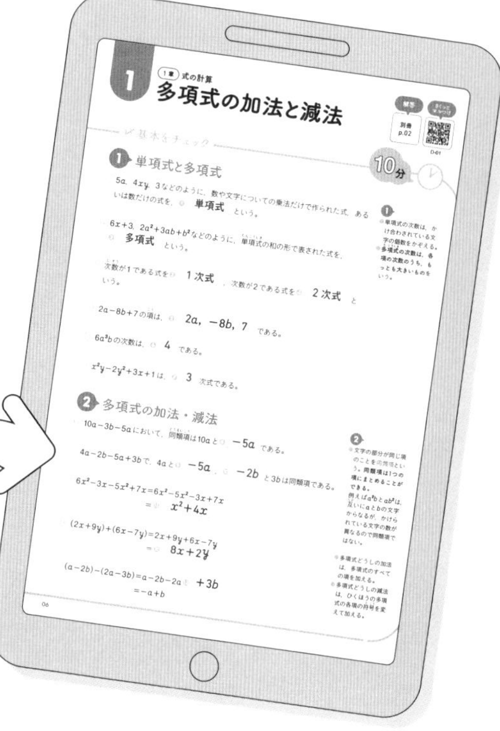

くわしい解説は，

別冊 解答と解説 を確認！

● まちがえた問題は， 解説 をしっかり読んで確認しておきましょう。

● ミス注意！ も合わせて読んでおくと，テストでのミス防止につながります。

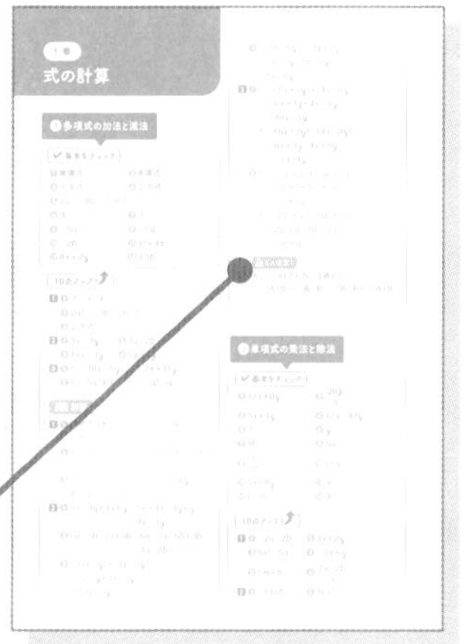

●「さくっとマルつけシステム」は無料でご利用いただけますが，通信料金はお客様のご負担となります。●すべての機器での動作を保証するものではありません。●やむを得ずサービス内容に変更が生じる場合があります。●QRコードは㈱デンソーウェーブの登録商標です。

もくじ

1

(1章) 式の計算

多項式の加法と減法

別冊
p.02

D-01

基本をチェック　10分

1 単項式と多項式

1 $5a$, $4xy$, 3などのように，数や文字についての乗法だけで作られた式，あるいは数だけの式を，❶＿＿＿＿という。

2 $6x+3$, $2a^2+3ab+b^2$などのように，単項式（たんこうしき）の和の形で表された式を，❷＿＿＿＿という。

3 次数（じすう）が1である式を❸＿＿＿＿，次数が2である式を❹＿＿＿＿という。

4 $2a-8b+7$の項（こう）は，❺＿＿＿＿である。

5 $6a^3b$の次数は，❻＿＿＿＿である。

6 x^2y-2y^2+3x+1は，❼＿＿＿＿次式である。

1
- 単項式の次数は，かけ合わされている文字の個数をかぞえる。
- **多項式（たこうしき）の次数は，各項の次数のうち，もっとも大きいものをいう。**

2 多項式の加法・減法

1 $10a-3b-5a$において，同類項（どうるいこう）は$10a$と❽＿＿＿＿である。

2 $4a-2b-5a+3b$で，$4a$と❾＿＿＿＿，❿＿＿＿＿と$3b$は同類項である。

3 $6x^2-3x-5x^2+7x=6x^2-5x^2-3x+7x$
$=$ ⓫＿＿＿＿

4 $(2x+9y)+(6x-7y)=2x+9y+6x-7y$
$=$ ⓬＿＿＿＿

5 $(a-2b)-(2a-3b)=a-2b-2a$ ⓭＿＿＿＿
$=-a+b$

2
- 文字の部分が同じ項のことを同類項という。**同類項は1つの項にまとめることができる。**
例えばa^2bとab^2は，互（たが）いにaとbの文字からなるが，かけられている文字の数が異なるので同類項ではない。
- 多項式どうしの加法は，多項式のすべての項を加える。
- 多項式どうしの減法は，ひくほうの多項式の各項の符号（ふごう）を変えて加える。

10点アップ！

10分

点UP

1 単項式と多項式

次のア～エの式について，あとの問いに答えなさい。

ア　$-a$　　イ　$2a^2-3b-6$　　ウ　$x-3xy+7$　　エ　$\frac{1}{2}m^2$

❶単項式(たんこうしき)はどれですか。記号ですべて答えなさい。

(　　　　)

❷イの式で，項(こう)をすべて答えなさい。

(　　　　)

❸ウの式は何次式ですか。

(　　　　)

2 多項式の加法・減法①

次の計算をしなさい。

❶$5x-4y+4x+y$

(　　　　)

❷$6a-5b-2a+3b$

(　　　　)

❸$(7x-y)+(3x-2y)$

(　　　　)

❹$(8x-6y)-(3x+2y)$

(　　　　)

3 多項式の加法・減法②

次の2つの式の和を求めなさい。また，左の式から右の式をひいた差を求めなさい。

❶$6x+3y$, $4x-8y$

和(　　　　)

差(　　　　)

❷$2a^2+a$, $3a^2+2a$

和(　　　　)

差(　　　　)

ヒント

1 ❸

ウは多項式(たこうしき)なので，単項式に分けて，それぞれの次数を確認する。

2 ❹

ひくほうの多項式の各項の符号(ふごう)を変えて加える。

3

まずは，かっこをつけて式をたてる。

2 単項式の乗法と除法

別冊
p.02

D-02

基本をチェック

10分

1 数と式の乗法と除法

1 $4(3x+2y)=4\times3x+4\times2y$

$=$ ❶＿＿＿＿

2 $(15x+20y)\div5=\dfrac{15x}{5}+$ ❷＿＿＿＿

$=$ ❸＿＿＿＿

3 $6(2x-7y)=6\times2x+6\times(-7y)$

$=$ ❹＿＿＿＿

2 単項式の乗法と除法

1 $5x\times7y=5\times$ ❺＿＿＿＿ $\times x\times$ ❻＿＿＿＿

$=35xy$

2 $45ab\div9b=\dfrac{45ab}{\text{❼＿＿＿＿}}$

$=\dfrac{45\times a\times b}{9\times b}$

$=$ ❽＿＿＿＿

3 $15a^2b\div\dfrac{3}{5}b=15a^2b\times$ ❾＿＿＿＿

$=\dfrac{15\times5\times a\times a\times b}{3\times b}$

$=$ ❿＿＿＿＿

3 式の値

1 $x=4$，$y=-2$ のときの，$(6x+5y)-(x-3y)$ の値(あたい)は，

$(6x+5y)-(x-3y)=6x+5y-x+3y$

$=$ ⓫＿＿＿＿

この式に $x=4$，$y=-2$ を代入して，

$5\times$ ⓬＿＿＿＿ $+8\times$ ⓭＿＿＿＿ $=$ ⓮＿＿＿＿

1

- **分配法則**
  $a(b+c)=ab+ac$
- **数×多項式(たこうしき)の計算**
  分配法則を使ってかっこをはずし，計算する。
- **多項式÷数の計算**
  分数の形になおすか，わる数の**逆数をかける形**にして，計算する。

2

- 文字をふくむ項で，数の部分のことを係数という。

例 $5x$ の係数は5

- **単項式どうしの乗法**
  係数の積に文字の積をかける。
- **単項式どうしの除法**
  分数の形になおすか，わる式の**逆数をかける形**になおしてから，計算する。

3

- 式の中の文字を数でおきかえることを代入という。
- 代入して計算した結果を式の値という。
  式の中に同類項がある場合には，**先に同類項をまとめてから数を代入する**とよい。

10点アップ！ 10分

1 数と式の乗法と除法

次の計算をしなさい。

❶ $-2(a+b)$ (　　　)

❷ $(9x+6y)\times\frac{1}{3}$ (　　　)

❸ $(42a^2-35a)\div 7$ (　　　)

❹ $(12x-6y)\div(-6)$ (　　　)

❺ $2(m+2n)-3(-m+n)$ (　　　)

❻ $\frac{2a-b}{3}+\frac{a+b}{9}$ (　　　)

ヒント

1 ❸❹
分数の形にして約分する。

❺
分配法則を使ってかっこをはずしてから，同類項をまとめる。

❻
通分するときは，分子の式全体にかっこをかけてから計算する。

2 単項式の乗法と除法

次の計算をしなさい。

❶ $2a\times(-7b)$ (　　　)

❷ $(-4x)^2$ (　　　)

❸ $28ab\div 7ab$ (　　　)

❹ $5x^2\div\frac{5}{2}x$ (　　　)

点UP ❺ $6x^2y\div(-3x^2)\times 4xy$ (　　　)

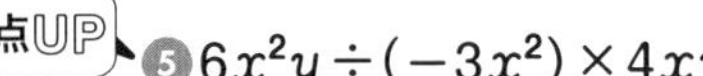

2 ❶
係数の積に文字の積をかける。

❹
わる式の逆数をかける形になおす。

3 式の値

次の式の値を求めなさい。

❶ $x=4$, $y=-5$ のときの，$4(x-2y)-5(2x+y)$ の値 (　　　)

❷ $x=-1$, $y=-6$ のときの，$24x^2y\div(-3x)$ の値 (　　　)

3
まずは，与えられた式を簡単にする。

3 （1章）式の計算
文字式の利用

解答 別冊p.03　さくっとマルつけ D-03

基本をチェック　10分

1 文字式の利用

1 nを整数とするとき，$7n$は❶＿＿＿＿である。

2 十の位がa，一の位がbの2けたの自然数は，❷＿＿＿＿と表される。

3 3つの続いた整数で，中央の整数をnとすると，この3つの整数は，
❸＿＿＿＿，n，$n+1$と表され，それらの和は❹＿＿＿＿となるから，3つの続いた整数の和は，❺＿＿＿＿である。

4 m，nを整数とすると，2つの奇数（きすう）は，❻＿＿＿＿，$2n+1$と表される。
このとき，2数の和は，
$($ ❻ $)+(2n+1)=$❼＿＿$(m+n+1)$
$m+n+1$は整数だから，❽＿＿$(m+n+1)$は偶数（ぐうすう）である。
したがって，2つの奇数の和は偶数になる。

1
- 文字を使った整数の表し方
nを整数とするとき，
・偶数…$2n$，
・奇数…$2n+1$
（または$2n-1$），
・3の倍数…$3n$
と表すことができる。

2 等式の変形

1 $3x+y=9$を，xについて解（と）く。
❾＿＿を移項（いこう）すると，$3x=9-y$
両辺を❿＿＿でわると，$x=\dfrac{9-y}{3}$

2 $4a-3b=6$を，bについて解く。
⓫＿＿＿＿を移項すると，$-3b=6-4a$
両辺を⓬＿＿＿＿でわると，$b=\dfrac{4a-6}{3}$

3 $S=\dfrac{1}{2}ah$を，aについて解く。
両辺を入れかえると，$\dfrac{1}{2}ah=S$
両辺に⓭＿＿＿をかけて，$ah=$⓮＿＿＿＿

両辺をhでわると，⓯＿＿＿＿

2
- xをふくむ式から，$x=$○の形に変形することを，「xについて解く」という。

10点アップ！ 10分

1 文字式の利用①

5つの連続した整数の和が5の倍数になるわけを，文字を使って説明した。

□に式をあてはめて，説明を完成させなさい。アには計算の途中式もあわせて書きなさい。

［説明］ もっとも小さい整数をnとすると，5つの連続した整数は，n，$n+1$，$n+2$，$n+3$，$n+4$と表される。

このとき，5つの整数の和は，

ア

イ は整数だから， ウ は5の倍数である。

したがって，5つの連続した整数の和は5の倍数になる。

点UP

2 文字式の利用②

1辺$x$cmの正方形を底面とする，高さ$y$cmの正四角柱Aがある。この正四角柱の底面の1辺の長さを2倍，高さを半分にした正四角柱をBとする。このとき，Bの体積がAの体積の何倍になるか，次のように説明した。□に式をあてはめて，説明を完成させなさい。エには計算の途中式もあわせて書きなさい。

［説明］ 正四角柱Aの体積は， ア (cm^3)

正四角柱Bは，底面の1辺の長さが イ (cm)，

高さが ウ (cm)だから，

体積は， エ

よって， オ 倍になる。

3 等式の変形

次の等式を，［ ］内の文字について解きなさい。

❶ $x=2y+3$ ［y］

( )

❷ $S=\pi r^2 h$ ［h］

( )

❸ $x=2(y+z)$ ［z］

( )

ヒント

1 5の倍数になることを説明するので，5×(整数)の形で表す。

2 (正四角柱の体積)＝(底面の1辺の長さ)^2×(高さ)

3 指定された文字以外を等式の性質を用いて，移項させる。

1

2章 連立方程式

連立方程式の解き方

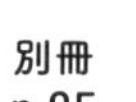

D-04

基本をチェック

10分

1 連立方程式とその解

1 $x=3$, $y=-1$が，連立方程式(れんりつほうていしき)$\begin{cases} x-y=4 & \cdots㋐ \\ 2x+3y=3 & \cdots㋑ \end{cases}$の解(かい)であるかどうかを，次のようにして確かめる。

$x=3$, $y=-1$を㋐，㋑に代入して，

㋐(左辺)$=3-$ ❶＿＿＿＿ $=$ ❷＿＿＿ $=$(右辺)

㋑(左辺)$=2\times$ ❸＿＿＿ $+3\times$ ❹＿＿＿＿ $=$ ❺＿＿＿ $=$(右辺)

よって，$x=3$, $y=-1$は，この連立方程式の解であることが確かめられた。

2 連立方程式の解き方

1 連立方程式$\begin{cases} x-3y=15 & \cdots㋐ \\ 2x+5y=-14 & \cdots㋑ \end{cases}$を加減法(かげんほう)で解く。

㋐× ❻＿＿＿ −㋑で，❼＿＿＿ を消去(しょうきょ)すると，

㋐×2　❽＿＿＿＿ $-6y=$ ❾＿＿＿＿

㋑　$-)\ \ 2x\ \ +5y=-14$

$-11y=44$

$y=$ ❿＿＿＿＿

$y=-4$を㋐に代入して，

$x+12=15$

$x=$ ⓫＿＿＿

2 連立方程式$\begin{cases} y=2x-1 & \cdots㋐ \\ x+3y=11 & \cdots㋑ \end{cases}$を代入法(だいにゅうほう)で解く。

㋐を㋑に代入して，

$x+3($ ⓬＿＿＿＿＿＿ $)=11$

$x+6x-3=11$

$7x=$ ⓭＿＿＿＿

$x=$ ⓮＿＿＿＿

$x=2$を㋐に代入して，$y=4-1=$ ⓯＿＿＿＿

1

- 2つの文字をふくむ1次方程式を2元(げん)1次方程式という。
- 2つ以上の方程式を組にしたものを連立方程式という。
- 組み合わせたどの方程式も成り立たせる文字の値の組を，**連立方程式の解**といい，連立方程式の解を求めることを，**連立方程式を解く**という。

2

- x, yをふくむ連立方程式から，xをふくまない方程式をつくることを，**xを消去する**という。
- **加減法**
左辺どうし，右辺どうしを，それぞれたすかひくかして，1つの文字を消去して解く方法。
- **代入法**
一方の式を他方の式に代入して，1つの文字を消去して解く方法。

10点アップ！ 10分

1 連立方程式とその解

連立方程式 $\begin{cases} 3x-5y=16 \\ x+2y=-2 \end{cases}$ の解は，次のア～ウのどれですか。

記号で答えなさい。

ア　$x=-3$，$y=-5$　　イ　$x=4$，$y=-3$

ウ　$x=2$，$y=-2$

（　　　）

ヒント

1

xとyの値の組を，それぞれの方程式に代入して，2つの式が成り立つものをみつける。

2 連立方程式の解き方（加減法）

次の連立方程式を，加減法で解きなさい。

❶ $\begin{cases} x-y=3 \\ x+2y=-3 \end{cases}$　　❷ $\begin{cases} 3x-2y=5 \\ 5x+y=17 \end{cases}$

（　　　）　（　　　）

❸ $\begin{cases} -4x+3y=26 \\ 2x+y=2 \end{cases}$　　❹ $\begin{cases} 7x-2y=-10 \\ 5x-3y=7 \end{cases}$

（　　　）　（　　　）

2

加減法で解くときは，左辺どうし，右辺どうしを，それぞれ，たすかひくかして，1つの文字が消去できるように，係数の絶対値をそろえる。

点UP

3 連立方程式の解き方（代入法）

次の連立方程式を，代入法で解きなさい。

❶ $\begin{cases} y=-2x+1 \\ 2x+5y=29 \end{cases}$　　❷ $\begin{cases} x=4y-3 \\ -x-4y=-21 \end{cases}$

（　　　）　（　　　）

3

$x=$〇または$y=$〇の形の式があるときは，その式を他方の式に代入すれば1つの文字を消去できる。

2章 連立方程式

2 （2章）連立方程式

いろいろな連立方程式

解答 さくっとマルつけ

別冊 p.05

D-05

☑ 基本をチェック　10分

1 かっこがある連立方程式

1 連立方程式 $\begin{cases} 2x-y=-2 & \cdots ㋐ \\ 5x-(x-2y)=20 & \cdots ㋑ \end{cases}$ を解く。

㋑の式を整理すると，$4x+$ ❶＿＿＿ $=20$…㋑′

㋐×2　$4x-2y=-4$

㋑′　$+)\ 4x+2y=20$

❷＿＿＿ $x=$ ❸＿＿＿

$x=$ ❹＿＿＿

$x=2$ を㋐に代入して，$y=$ ❺＿＿＿

2 係数に分数や小数がある連立方程式

1 連立方程式 $\begin{cases} 0.3x+0.4y=-1 & \cdots ㋐ \\ 9x-5y=38 & \cdots ㋑ \end{cases}$ を解く。

㋐の両辺を❻＿＿＿倍すると，

$3x+$ ❼＿＿＿ $=$ ❽＿＿＿ …㋐′

㋐′×3　$9x+12y=-30$

㋑　$-)\ 9x-\ 5y=38$

❾＿＿＿ $=-68$

$y=$ ❿＿＿＿

$y=-4$ を㋑に代入して，$x=$ ⓫＿＿＿

3 A=B=Cの形の連立方程式

1 連立方程式 $3x+2y=5x+6y=16$ を解く。

もとの方程式より，$\begin{cases} 3x+2y=16 & \cdots ㋐ \\ ⓬＿＿＿=16 & \cdots ㋑ \end{cases}$

㋐×3　$9x+6y=48$

㋑　$-)\ 5x+6y=16$

⓭＿＿＿ $=32$

$x=$ ⓮＿＿＿

$x=8$ を㋐に代入して，$y=$ ⓯＿＿＿

1

● **かっこがある連立方程式**
かっこをはずし，整理してから解く。

2

● **係数に分数がある連立方程式**
両辺に**分母の最小公倍数をかけて**，分母をはらってから解く。

● **係数に小数がある連立方程式**
両辺を10倍，100倍，…して，係数を整数にしてから解く。

3

● **A=B=Cの形の連立方程式**
$\begin{cases} A=C \\ B=C \end{cases}$
$\begin{cases} A=B \\ A=C \end{cases}$
$\begin{cases} A=B \\ B=C \end{cases}$
のいずれかの形になおしてから解く。

10点アップ！

10分

1 いろいろな連立方程式①

次の連立方程式を解きなさい。

❶ $\begin{cases} 4(x-3y)+5y=22 \\ 2x+y=-16 \end{cases}$

( )

❷ $\begin{cases} 6(x-1)-y=0 \\ 2x-3(y-2)=0 \end{cases}$

( )

❸ $\begin{cases} \frac{1}{9}x-\frac{1}{6}y=1 \\ x-y=3 \end{cases}$

( )

点UP ❹ $\begin{cases} x+y=-13 \\ \frac{1}{25}x+\frac{7}{100}y=-1 \end{cases}$

( )

❺ $\begin{cases} 0.4x+0.5y=-0.2 \\ 3x-y=-11 \end{cases}$

( )

❻ $\begin{cases} 0.02x+0.1y=1 \\ 2x-5y=10 \end{cases}$

( )

2 いろいろな連立方程式②

次の連立方程式を解きなさい。

❶ $x+y=6x+5y=-3$

( )

❷ $x-3y+12=2x+3y=-3$

( )

ヒント

1 ❶❷
かっこをはずし，整理してから解く。

❸❹
両辺に分母の最小公倍数をかけて，分母をはらってから解く。

❺❻
両辺を10倍，100倍して，係数を整数にしてから解く。

2
「A=B」「B=C」「A=C」の式の組み合わせのうち，どれが一番簡単に計算できそうか考え，連立方程式をたてる。

2章 連立方程式

連立方程式の利用①

別冊 p.06

D-06

基本をチェック 10分

1 連立方程式の利用

1 1枚70円のクッキーと1枚90円のクッキーを合わせて20枚買ったときの代金の合計が1560円であった。70円のクッキーをx枚，90円のクッキーをy枚買ったとして，方程式をつくると，

枚数の関係から，❶＿＿＿＿＝20 …㋐

代金の関係から，❷＿＿＿＿＝1560 …㋑

㋐，㋑を連立方程式として解くと，$x=12$，$y=8$

よって，70円のクッキーを❸＿＿＿＿枚，90円のクッキーを❹＿＿＿＿枚買った。

2 中学生6人と高校生10人がハイキングに行くことにした。かかる費用の合計は5000円で，高校生1人あたりの費用は中学生1人あたりの費用よりも100円高いという。中学生1人あたりの費用をx円，高校生1人あたりの費用をy円として，方程式をつくると，

費用の関係から，❺＿＿＿＿＝5000 …㋐

1人あたりの費用の関係から，$y=$❻＿＿＿＿ …㋑

㋐，㋑を連立方程式として解くと，$x=$❼＿＿＿＿，$y=$❽＿＿＿＿

よって，中学生1人あたり❾＿＿＿＿円，高校生1人あたり❿＿＿＿＿円である。

3 生徒39人を，5人の班と4人の班に分けて，全部で9つの班をつくる。5人の班の数をx，4人の班の数をyとして，方程式をつくると，

班の数の関係から，⓫＿＿＿＿ …㋐

人数の関係から，⓬＿＿＿＿ …㋑

㋐，㋑を連立方程式として解くと，$x=$⓭＿＿＿＿，$y=$⓮＿＿＿＿

よって，5人の班の数は⓯＿＿＿＿つ，4人の班の数は⓰＿＿＿＿つである。

1

連立方程式を使って問題を解く手順

①何をx，yで表すかを決める。

②x，yを使って，数量の間の関係を2つの方程式に表す。

③連立方程式をつくって解く。

④連立方程式の解が問題にあっているかどうかを調べて，答えを書く。

10点アップ！↗ 10分

1 個数と代金の問題

1個120円のりんごと1個180円のももを合わせて12個買ったときの代金の合計は1860円であった。次の問いに答えなさい。

❶りんごをx個，ももをy個買ったとして，x，yについての連立方程式をつくりなさい。

(　　　　　　　　)

❷りんごとももをそれぞれ何個買いましたか。

りんご(　　　　)　もも(　　　　)

2 個数と重さの問題

A，B2種類のおもりがある。A2個とB3個の重さの合計は155g，A6個とB4個の重さの合計は340gであった。次の問いに答えなさい。

❶A1個の重さをxg，B1個の重さをygとして，x，yについての連立方程式をつくりなさい。

(　　　　　　　　)

点UP ❷A1個，B1個の重さはそれぞれ何gですか。

A(　　　　)　B(　　　　)

3 数の関係についての問題

2つの数x，yがある。xとyの和は17で，xの5倍からyの3倍をひいた差が45になるという。このとき，xとyについての連立方程式をつくり，x，yの値をそれぞれ求めなさい。

連立方程式(　　　　　　　　)　x(　　　　)　y(　　　　)

ヒント

1 ❶
買った個数の関係，代金の関係について，それぞれ方程式をつくる。

2 ❶
重さの関係について，それぞれ方程式をつくる。

3
和の関係，差の関係について，それぞれ方程式をつくる。

(2章) 連立方程式

連立方程式の利用②

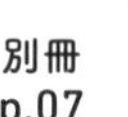
解答 別冊p.07

さくっとマルつけ D-07

基本をチェック

10分

1 連立方程式の利用

1 A地点から峠(とうげ)を越(こ)えて21km離(はな)れたB地点まで行った。A地点から峠までは時速3km，峠からB地点までは時速5kmで歩いたら，全体で5時間かかった。A地点から峠までの道のりを$x$km，峠からB地点までの道のりを$y$kmとして，方程式をつくると，

道のりの関係から，❶______=21 …㋐

時間の関係から，❷______=5 …㋑

㋐，㋑を連立方程式として解くと，$x=6$，$y=15$

よって，A地点から峠までは❸______km，峠からB地点までは❹______km である。

2 Aさんのクラス36人のうち，男子の25%と女子の20%が自転車通学をしていて，その人数の合計は8人である。このクラスの男子の人数をx人，女子の人数をy人として，方程式をつくると，

クラスの人数の関係から，❺______=36 …㋐

自転車通学の人数の関係から，$\frac{25}{100}x+$❻______=8…㋑

㋐，㋑を連立方程式として解くと，$x=16$，$y=$❼______

よって，このクラスの男子は❽______人，女子は❾______人である。

3 A町の昨年の人口を調べたところ，6400人だった。今年は，昨年と比べ，男性が6%増え，女性が3%減ったので，全体で78人増えた。昨年の男性の人口をx人，女性の人口をy人として，方程式をつくると，

昨年の人口の関係から，❿______…㋐

増減した人口の関係から，$\frac{6}{100}x-$⓫______=⓬______…㋑

㋐，㋑を連立方程式として解くと，$x=3000$，$y=$⓭______

よって，昨年の人口は，男性が⓮______人，女性が⓯______人である。

1

● 速さ，時間，道のりの関係

$(\text{速さ})=\frac{(\text{道のり})}{(\text{時間})}$

$(\text{時間})=\frac{(\text{道のり})}{(\text{速さ})}$

(道のり)
=(速さ)×(時間)

10点アップ！

10分

1 速さ・時間・道のりの問題

A町から280km離(はな)れたC町まで自動車で行くのに，途中(とちゅう)のB町までは高速道路を時速80kmで走り，B町からC町までは一般(いっぱん)の道路を時速40kmで走ったところ，全体で4時間かかった。次の問いに答えなさい。

❶ A町からB町までの道のりを$x$km，B町からC町までの道のりを$y$kmとして，x，yについての連立方程式をつくりなさい。

（　　　　　　）

❷ A町からB町までの道のりとB町からC町までの道のりをそれぞれ求めなさい。

A町からB町まで（　　　　）
B町からC町まで（　　　　）

ヒント

1 ❶

A町からC町までの道のりの関係，A町からC町まで行くのにかかった時間の関係について，それぞれ方程式をつくる。

2章 連立方程式

2 割合の問題

資源回収で，先月は，スチール缶(かん)とアルミ缶合わせて150kg回収した。今月は，先月と比べ，スチール缶が10%，アルミ缶が20%それぞれ増えたので，全体で26kg増えた。次の問いに答えなさい。

点UP ❶ 先月のスチール缶の回収量を$x$kg，アルミ缶の回収量を$y$kgとして，x，yについての連立方程式をつくりなさい。

（　　　　　　）

❷ 先月のスチール缶とアルミ缶の回収量は，それぞれ何kgですか。

スチール缶（　　　　）　アルミ缶（　　　　）

❸ 今月のスチール缶とアルミ缶の回収量は，それぞれ何kgですか。

スチール缶（　　　　）　アルミ缶（　　　　）

2 ❶

先月の回収量の関係，今月の増えた回収量の関係について，それぞれ方程式をつくる。

③章 1次関数

1 1次関数

別冊
p.08

D-08

基本をチェック 10分

1 1次関数

1 xの値を決めるとyの値がただ1つに決まるとき，yはxの❶＿＿＿＿であるという。

2 yがxの関数で，yがxの1次式で表されるとき，yはxの❷＿＿＿＿という。

3 yがxの1次関数であるとき，定数a，b($a \neq 0$)を用いて，
$y=$❸＿＿＿＿と表すことができる。

4 1本70円の鉛筆(えんぴつ)をx本と，110円の消しゴムを1個買ったときの代金の合計をy円とする。yをxの式で表すと，$y=$❹＿＿＿＿

5 4 において，yはxの1次関数であると❺＿＿＿＿。

6 ア $y=-x$　イ $y=2x^2$　ウ $y=\frac{8}{x}$　エ $y=\frac{1}{5}x-1$
のなかで，1次関数といえるのは，❻＿＿＿＿である。

1
- 比例($y=ax$)も，$b=0$のときの1次関数とみることができる。

例 $y=x$，$y=-3x$

2 1次関数の値の変化

1 yがxの関数であるとき，xの増加量に対するyの増加量の割合を
❼＿＿＿＿という。

2 1次関数$y=\frac{1}{3}x+2$において，変化の割合は❽＿＿＿＿

3 1次関数$y=4x-3$において，xの増加量が1のときのyの増加量は，
(yの増加量)＝(❾＿＿＿＿)×(xの増加量)　より，
❿＿＿＿＿×1＝4である。

4 反比例$y=\frac{12}{x}$で，xの値が2から4まで変化したとき，yの増加量は，

$\frac{12}{⓫\_\_\_\_} - \frac{12}{⓬\_\_\_\_} = 3-6=-3$

よって，変化の割合は，⓭＿＿＿＿

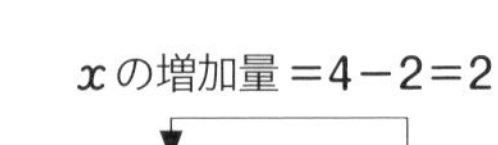

x		2		4	
y		□		○	

yの増加量＝○−□

2
- 1次関数$y=ax+b$では，**変化の割合は一定で，aに等しい。**
(変化の割合)＝$\frac{(y\text{の増加量})}{(x\text{の増加量})}=a$
- 上の式から，(yの増加量)＝(変化の割合)×(xの増加量)という関係が導き出せる。
- yがxに反比例するときは，変化の割合は一定ではない。

10点アップ！ 10分

1 1次関数

次の❶～❺において，yがxの1次関数であるものには○，そうでないものには×を書きなさい。

❶500g ある砂糖から，xg 使ったときの残りの量yg

(　　　)

❷6km の道のりを時速$x$km で歩いたときにかかった時間y時間

(　　　)

❸1個100円のドーナツをx個と，1本300円のジュースを1本買ったときの代金y円

(　　　)

❹底辺が10cm，高さが$x$cm である三角形の面積$y$cm^2

(　　　)

❺半径が$x$cm の球の体積$y$cm^3

(　　　)

点UP

2 1次関数の値の変化

1次関数$y=-3x+6$について，次の問いに答えなさい。

❶xの増加量が4のときのyの増加量を求めなさい。

(　　　)

❷xの変域が$-2 \leqq x \leqq 3$のときのyの変域を求めなさい。

(　　　)

3 反比例するときの変化の割合

反比例$y=-\dfrac{20}{x}$で，xの値が次のように変化したときの変化の割合を，それぞれ求めなさい。

❶4から10まで

x	4	10
y		

(　　　)

❷-5から-2まで

x	-5	-2
y		

(　　　)

ヒント

1

$y=ax+b$と表すことができる(a，bは定数で，$a \neq 0$)とき，yはxの1次関数であるという。

❷

$(\text{時間})=\dfrac{(\text{道のり})}{(\text{速さ})}$

❺

半径rの球の体積は，$\dfrac{4}{3}\pi r^3$で求められる。

2 ❶

$\dfrac{(y\text{の増加量})}{(x\text{の増加量})}=a$

❷

$x=-2$，$x=3$のときのyの値を考える。

3 ❷

xの値が負→負に変化した場合も増加量の求め方は変わらず，大きい値から小さい値をひけばよい。したがって，xの増加量は，$(-2)-(-5)=3$である。

1次関数とグラフ

別冊 p.09

D-09

基本をチェック 10分

1 1次関数のグラフ

1 1次関数$y=ax+b$のグラフは，❶ ＿＿＿＿ がa，❷ ＿＿＿＿ がbの直線であり，y軸（じく）と点$(0,\ b)$で交わる。

2 1次関数$y=ax+b$のグラフは，$a>0$のとき❸ ＿＿＿＿，$a<0$のとき右下がりの直線になる。

3 1次関数$y=5x+2$のグラフは，傾き（かたむ）が❹ ＿＿＿＿，切片（せっぺん）が2の直線。

4 1次関数$y=-x+3$のグラフは，右❺ ＿＿＿＿ の直線。

1
- 1次関数$y=ax+b$のaを変化の割合ともいうが，傾きとした場合も考え方は変わらない。
a＝（傾き）
＝（変化の割合）
$=\dfrac{(y\text{の増加量})}{(x\text{の増加量})}$

2 1次関数の式の求め方

1 グラフの傾きが$\dfrac{1}{2}$で，切片が6の直線となる1次関数の式は，

$y=$ ❻ ＿＿＿＿

2 右のグラフで表される1次関数は，

傾き❼ ＿＿＿＿，切片1より，

$y=$ ❽ ＿＿＿＿ $x+1$

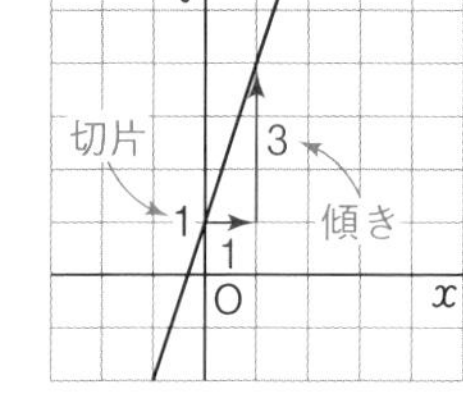

3 傾きが2で，点$(1,\ 3)$を通る直線の式は，

$y=$ ❾ ＿＿＿＿ $x+b$とおき，$x=1$，$y=3$を代入して，

$3=2\times1+b$，$b=1$　よって，$y=$ ❿ ＿＿＿＿

4 2点$(1,\ 3)$，$(2,\ 4)$を通る直線の式を次のように求める。

直線の式を$y=ax+b$とおくと，

傾き$a=\dfrac{4-3}{2-1}=$ ⓫ ＿＿＿＿ だから，$y=x+b$

この式に，$x=1$，$y=3$を代入して，⓬ ＿＿＿＿ $=1+b$，$b=2$

よって，$y=$ ⓭ ＿＿＿＿

5 グラフが直線$y=2x+2$に平行で，点$(1,\ 0)$を通る1次関数の式は，グラフの傾きが，直線$y=2x+2$の傾き2に⓮ ＿＿＿＿ ことから，$y=2x+b$とおける。グラフが点$(1,\ 0)$を通るから，$x=1$，$y=0$を代入すると，

⓯ ＿＿＿＿ $=2\times1+b$，$b=-2$

よって，$y=$ ⓰ ＿＿＿＿

2
- **1次関数の式の求め方**

①**傾きと切片**がわかるとき…
1次関数$y=ax+b$のa，bに代入する。

②**傾きaと1点の座標**がわかるとき…
$y=ax+b$とおき，点のx座標，y座標を代入してbを求める。

③**2点の座標**がわかるとき…
変化の割合＝a(傾き)
$=\dfrac{(y\text{の増加量})}{(x\text{の増加量})}$より，
傾きaを求め，
$y=ax+b$に1点の座標を代入して，bを求める。

10点アップ！ 10分

1 1次関数のグラフ

次の1次関数のグラフを右の図にかきなさい。

❶ $y=3x+2$

❷ $y=-x-1$

❸ $y=\frac{1}{2}x+4$

❹ $y=-2x-3$

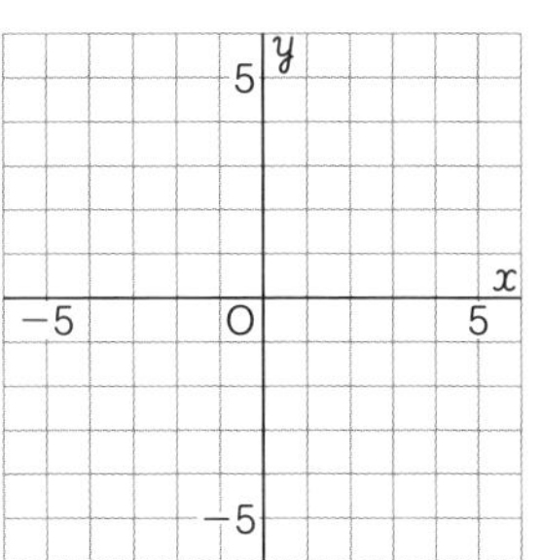

ヒント

1 1次関数 $y=ax+b$ のグラフは，傾きが a，切片が b の直線である。切片から，グラフが点 $(0,\ b)$ を通ることがわかる。

点UP 2 1次関数の式の求め方（グラフ）

右の図の，直線ア〜ウの式を求めなさい。

ア（　　　　　　　　）

イ（　　　　　　　　）

ウ（　　　　　　　　）

イ　ア
y
5
ウ
x
−5
O
5
−5

2 まずは，直線と y 軸との交点から切片を読み取る。そこから，x 座標，y 座標ともに整数になっている点をみつけ，その点までに移動した縦・横の長さから傾きを求める。

3 1次関数の式の求め方（計算）

次の1次関数の式を求めなさい。

❶グラフの傾き（かたむ）きが4で，切片が -7 の直線

（　　　　　　　　）

❷変化の割合が -1 で，$x=1$ のとき $y=3$

（　　　　　　　　）

❸グラフが2点 $(1,\ 3)$，$(4,\ 9)$ を通る直線

（　　　　　　　　）

3 1次関数の式を $y=ax+b$ とおき，問題の条件から，a，b の値を求める。

3章 1次関数

3 （3章）1次関数
1次関数と方程式

解答 別冊p.10

D-10

基本をチェック　10分

1 2元1次方程式のグラフ

1 a, b, cを定数とするとき，$ax+by=c$の形で表される方程式を，
❶＿＿＿＿という。

2 方程式$2x-3y=6$のグラフは，yについて解くと，
❷＿＿＿＿となるので，傾き（かたむ）き❸＿＿＿＿，切片❹＿＿＿＿の直線となる。
$x=0$のとき，$y=-2$，$y=0$のとき$x=$❺＿＿＿＿より，2点$(0,\ -2)$，$(3,\ 0)$を通る直線と考えることもできる。

3 方程式$3x+2y=6$をyについて解くと，❻＿＿＿＿

4 方程式$3x+2y=6$のグラフは，傾きが❼＿＿＿＿，切片が❽＿＿＿＿の直線。

5 図1で，方程式$3x+2y=6$のグラフは，ア～エのうち，❾＿＿＿＿。

6 $y=-3$のグラフは，点$(0,$ ❿＿＿＿＿$)$を通り，⓫＿＿＿＿軸（じく）に平行な直線。

7 図1で，$y=-3$のグラフは，ア～エのうち，⓬＿＿＿＿。

8 図1で，$-2x=6$のグラフは，ア～エのうち，⓭＿＿＿＿。

図1

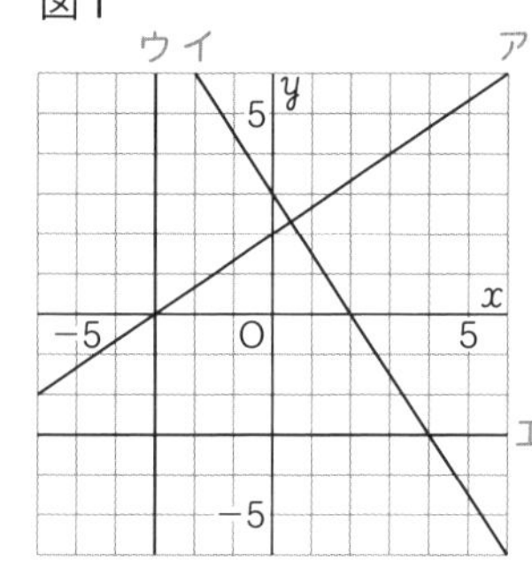

1
- 2元1次方程式
$ax+by=c$（$a\neq 0$，$b\neq 0$）をyについて解くと，
$y=-\frac{a}{b}x+\frac{c}{b}$より，
傾き$-\frac{a}{b}$，切片$\frac{c}{b}$の直線とみることもできる。
- $y=k$のグラフ
x軸に平行な直線。
- $x=h$のグラフ
y軸に平行な直線。

2 連立方程式とグラフ

1 図2で，
アの直線の式は$y=$⓮＿＿＿＿，
イの直線の式は$y=$⓯＿＿＿＿である。
ア，イの式を連立方程式とするときの解は，
$x=$⓰＿＿＿＿，$y=$⓱＿＿＿＿となる。

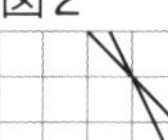

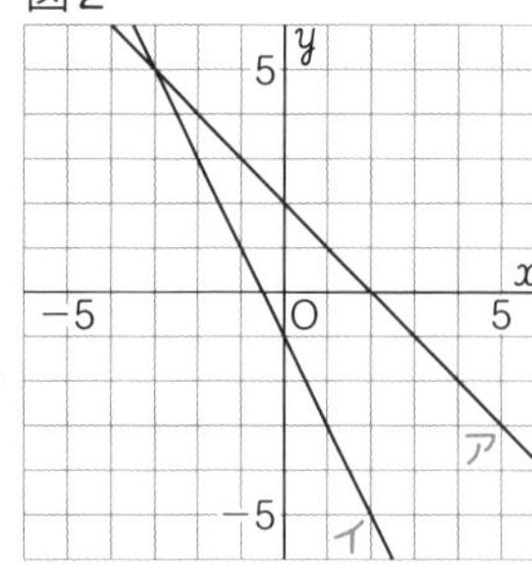

2
- x，yの連立方程式の解
それぞれの方程式のグラフの交点のx座標，y座標の組が，連立方程式の解と同じになる。

10点アップ！ 10分

点UP

1 2元1次方程式のグラフ

方程式$3x+4y=12$について，次の問いに答えなさい。

❶この方程式のグラフがy軸（じく）と交わる点の座標を求めなさい。

(　　　　)

❷この方程式のグラフがx軸と交わる点の座標を求めなさい。

(　　　　)

❸この方程式のグラフを右の図にかきなさい。

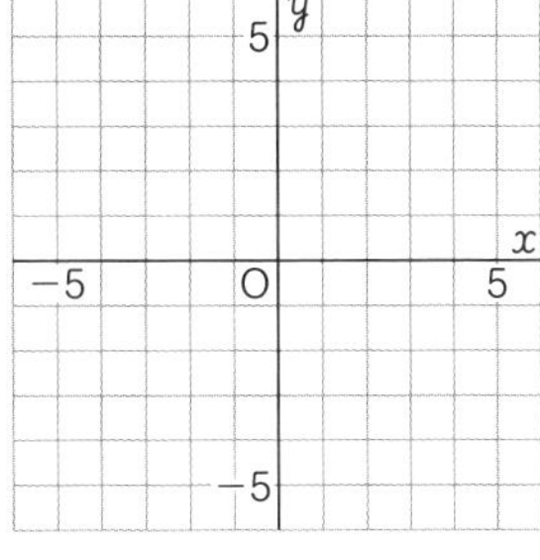

ヒント

1 ❸

グラフのかき方
①yについて解いて，傾（かたむ）きと切片を求める。
②直線が通る2点の座標を求めて，その2点を通る直線をひく。

2 y=k，x=hのグラフ

次の方程式のグラフをかきなさい。

❶$y=0$

❷$x+4=0$

❸$2y-10=0$

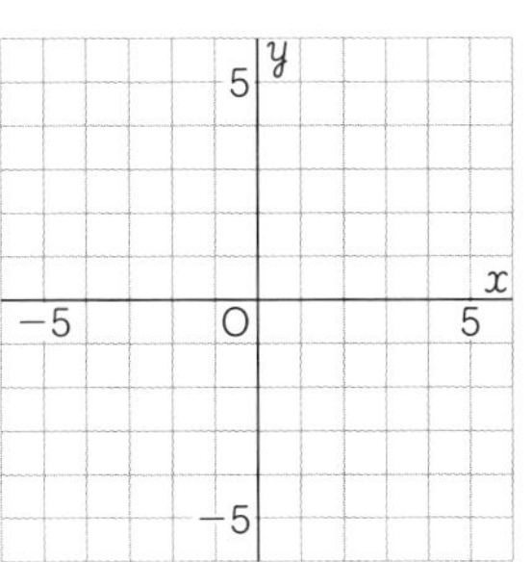

2 ❶❸

$y=k$のグラフはx軸に平行な直線。

❷

$x=h$のグラフはy軸に平行な直線。

3 連立方程式とグラフ

連立方程式$\begin{cases} 2x+y=4 & \cdots① \\ x+4y=-12 & \cdots② \end{cases}$について，次の問いに答えなさい。

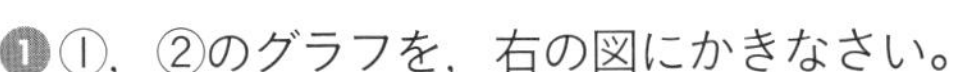

❶①，②のグラフを，右の図にかきなさい。

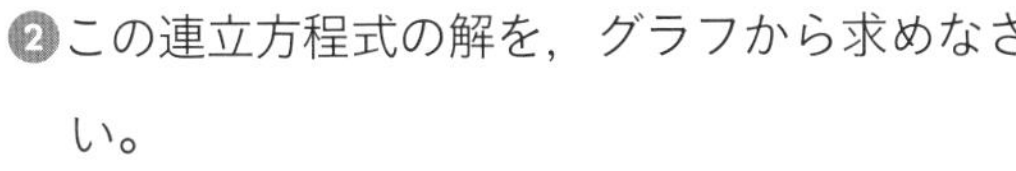

❷この連立方程式の解を，グラフから求めなさい。

(　　　　)

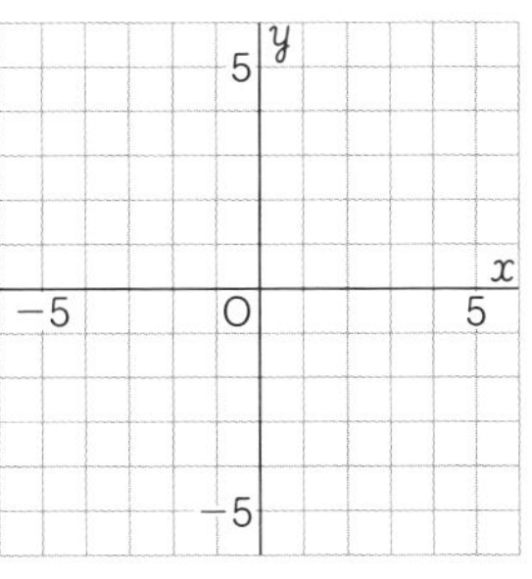

3 ❷

x，yの連立方程式の解は，それぞれの方程式のグラフの交点のx座標，y座標の組になる。

3章 1次関数

4 (3章) 1次関数
1次関数の利用

別冊 p.11

D-11

基本をチェック　10分

1 1次関数の利用

1 あるばねにおもりをつるしたときの，おもりの重さとばねの長さの関係は，右の表のようになる。

おもりの重さ（g）	10	14	18
ばねの長さ（cm）	10	12	14

(1) xgのおもりをつるしたとき，ばねの長さが$y$cmになるとすると，yはxの1次関数であるといえるから，$y=ax+b$とおける。

$\begin{cases} 10=❶\_\_\_\_a+b \\ 12=❷\_\_\_\_a+b \end{cases}$　これを解くと，$a=$❸____，$b=$❹____

したがって，式は❺____

(2) おもりをつるさないときのばねの長さは，$x=$❻____のときのyの値だから，❼____cm。

❶
- ばねの伸びは，つるしたおもりの重さに比例すると考える。
- （ばねの長さ）＝（元の長さ）＋（伸び）であることに注意する。

2 1次関数のグラフの利用

1 Aさんは，家を出発して走って駅に向かったが，途中から歩いて行った。右の図は，Aさんが出発してからx分後に，家からymの地点にいるとして，グラフに表したものである。

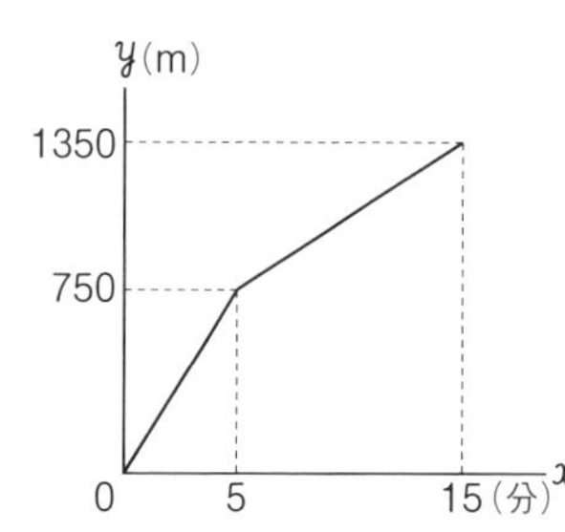

(1) 歩いた時間は，グラフから，
15－❽____＝❾____（分間）

(2) 2点(5, ❿____)，(15, ⓫____)を通る直線の傾きが，歩いている間の速さだから，

$\dfrac{⓬____-750}{15-5}=$⓭____（m/分）。

❷
- 一定の速さで移動するとき，時間と道のりの関係を表すグラフは直線になる。
- 直線の傾きは，直線上の2点の座標から求めることができる。

3 図形と1次関数

1 右の直角三角形ABCで，点PはAからBまで動く。点PがAから$x$cm動いたときの△PBCの面積を$y$cm²とすると，

BP＝BA－PA＝⓮____（cm）

$y=\dfrac{1}{2}\times 4\times($⓯____$)$　$y=$⓰____

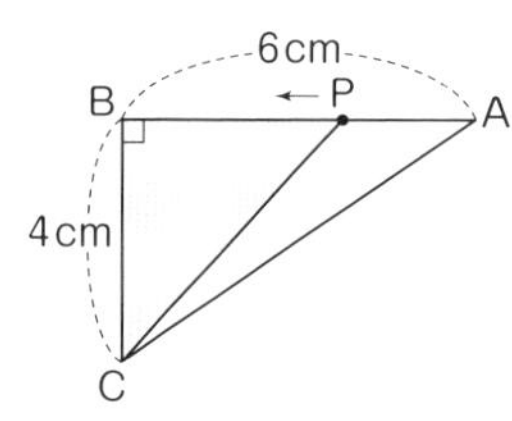

❸
- 図形の周上を動く点と面積を考えるとき，1次関数を利用できる場合がある。

10点アップ！ 10分

1 1次関数の利用

M市の水道料金は，使用量が21m³から30m³までの範囲では，使用量の1次関数になっている。ある家庭の水道料金は，22m³使った5月は3880円，25m³使った7月は4360円だった。使用量がxm³($21 \leqq x \leqq 30$)のときの水道料金をy円として，yをxの式で表しなさい。

(　　　　　)

ヒント

1 求める式を$y=ax+b$とおいて，5月と7月の使用量，水道料金をそれぞれ代入する。

点UP

2 1次関数のグラフの利用

真一さんは，A町から2100m離れたB町まで歩いて行き，有紀さんは，同じ道をB町からA町まで自転車で行った。右のグラフは，2人が同時に出発したとき，出発してからx分後のA町からの距離をymとして，2人が進んだようすを表している。次の問いに答えなさい。

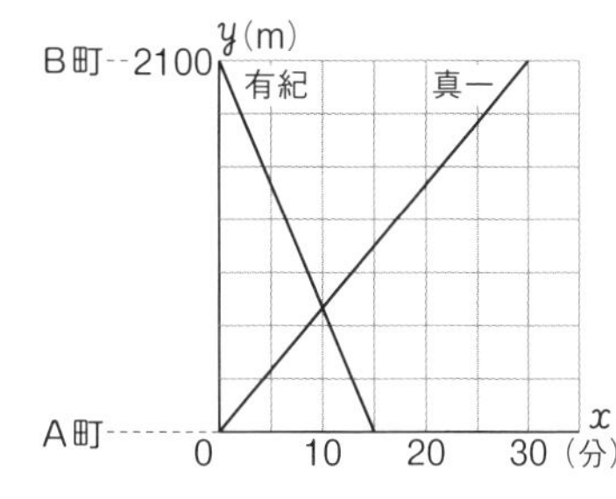

❶真一さんと有紀さんの速さは，それぞれ分速何mですか。

真一(　　　　　) 有紀(　　　　　)

❷2人が出会うのは，A町から何mの地点ですか。

(　　　　　)

2 ❶ グラフから，道のりと時間を読み取って，速さを求める。

❷ 2人が出会うのは，グラフが交わるところ。

3 図形と1次関数

右の正方形ABCDの周上を，点Pは秒速1cmでAからBを通ってCまで動く。点PがAを出発してからx秒後の△APDの面積を$y$cm²とする。点Pが辺AB上，辺BC上にあるとき，yをxの式で表しなさい。また，xの変域も答えなさい。

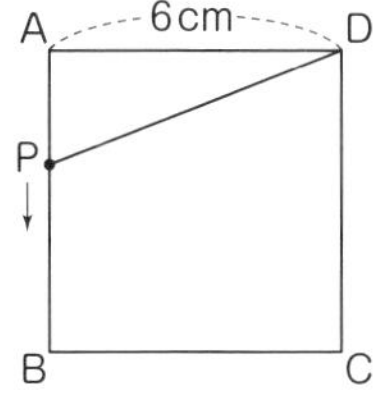

辺AB上…式(　　　　　) 変域(　　　　　)

辺BC上…式(　　　　　) 変域(　　　　　)

3 $0 \leqq x \leqq 6$のとき，△APDの底辺をADとすると，高さはAP＝$x$cm。

3章 1次関数

(4章) 平行と合同

1 平行線と角

さくっとマルつけ

D-12

基本をチェック　10分

1 平行線と角

1 図1で，∠aと∠c，∠bと∠dのような位置にある角を①＿＿＿＿という。

2 図1で，∠a=120°のとき，∠cの大きさは②＿＿＿＿である。

3 図2で，∠aと∠cのような位置にある角を③＿＿＿＿という。

4 図2で，∠bと∠cのような位置にある角を④＿＿＿＿という。

5 図2で，∠a=∠cならば，直線ℓとmは⑤＿＿＿＿である。

6 図2で，∠b=∠cならば，直線ℓとmは⑥＿＿＿＿である。

7 図2で，ℓ//mならば，∠a=70°のとき，∠cの大きさは⑦＿＿＿＿である。

図1

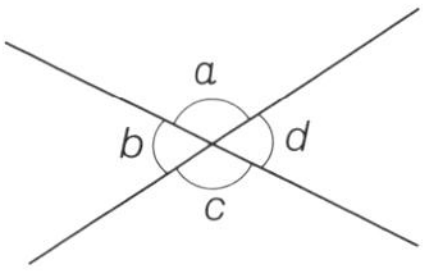

図2

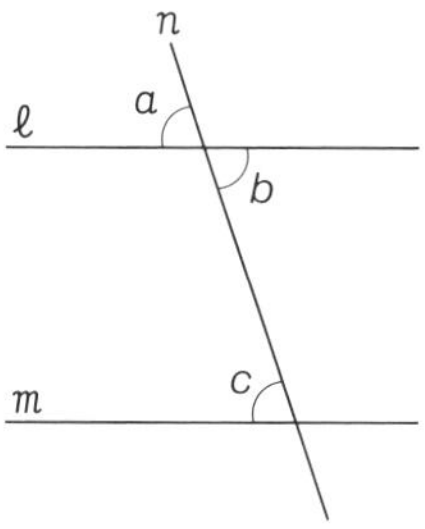

1

- 平行線の性質
ℓ//mならば，同位角，錯角は等しい。

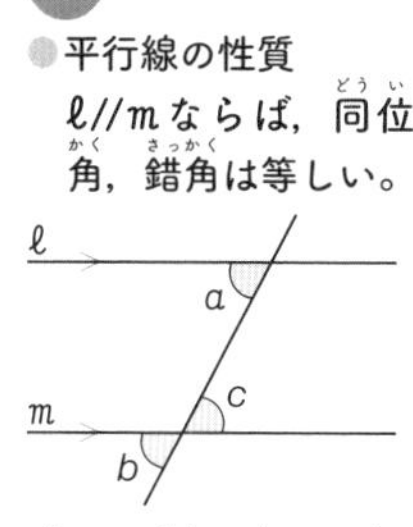

∠a=∠b，∠a=∠c

2 多角形の内角と外角

1 三角形の内角の和は⑧＿＿＿＿である。
三角形の1つの外角は，それととなり合わない2つの⑨＿＿＿＿の和に等しい。

2 正六角形の内角の和は，
$180°×($⑩＿＿＿＿$-2)=720°$

3 正六角形の6つの内角の大きさはすべて等しいので，正六角形の1つの内角の大きさは，
$720°÷$⑪＿＿＿＿$=120°$

4 正六角形の外角の和は⑫＿＿＿＿である。
正六角形の6つの外角の大きさはすべて等しいので，正六角形の1つの外角の大きさは，
⑬＿＿＿＿$÷6=60°$

2

- 0°より大きく90°より小さい角を鋭角という。
- 90°より大きく180°より小さい角を鈍角という。
- 3つの内角がすべて鋭角の三角形を鋭角三角形という。
- 1つの内角が鈍角の三角形を鈍角三角形という。

10点アップ！ 10分

1 対頂角

右の図で，∠a，∠b の大きさを求めなさい。

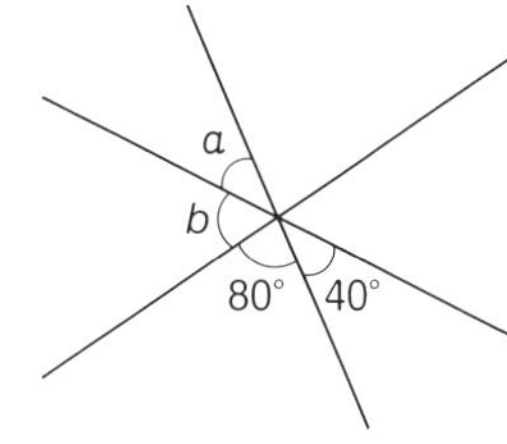

∠a（　　　　　）
∠b（　　　　　）

2 平行線と角

次の図で，$\ell // m$ のとき，∠x の大きさを求めなさい。

❶

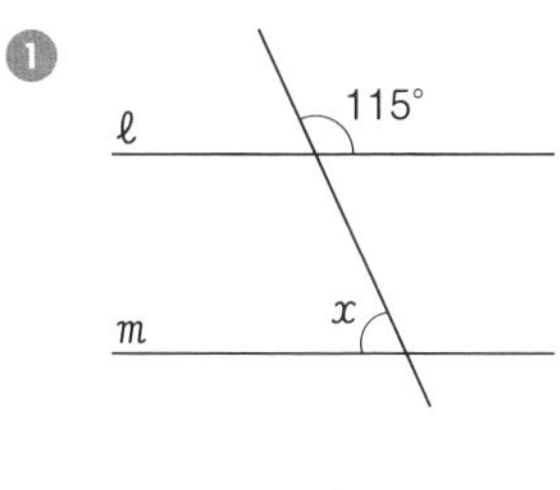

（　　　　　）

❷

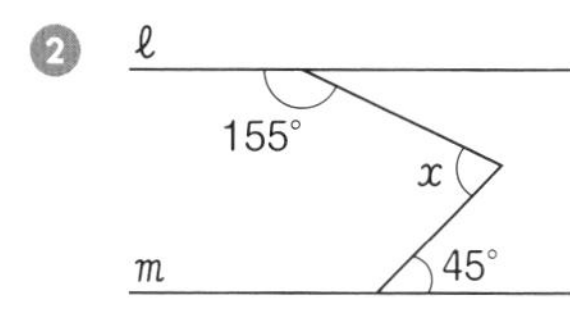

（　　　　　）

3 多角形の内角と外角①

次の図で，∠x の大きさを求めなさい。

❶

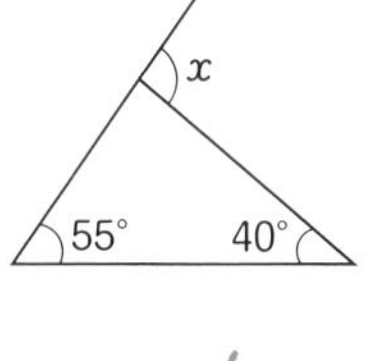

（　　　　　）

❷

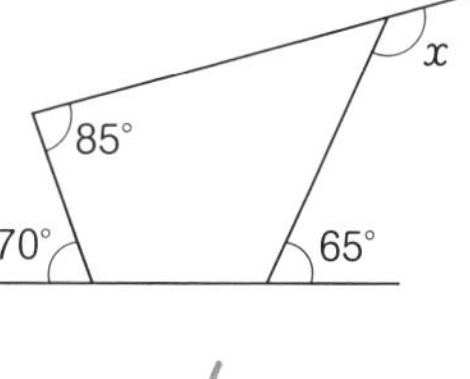

（　　　　　）

点UP 4 多角形の内角と外角②

八角形について，次の問いに答えなさい。

❶ 内角の和を求めなさい。

（　　　　　）

❷ 外角の和を求めなさい。

（　　　　　）

ヒント

1 向かい合っている角は対頂角(たいちょうかく)で，その大きさは等しい。

2 平行線の同位角や錯角(さっかく)は等しい。

❷ ℓ，m に平行な直線をひいて考える。

3 ❶ 三角形の1つの外角は，それととなり合わない2つの内角の和に等しい。

❷ 四角形の外角の和は360°

4 ❶ n 角形の内角の和は，$180° \times (n-2)$ で求められる。

4章 平行と合同

合同な図形

D-13

☑ 基本をチェック　10分

1 合同な図形

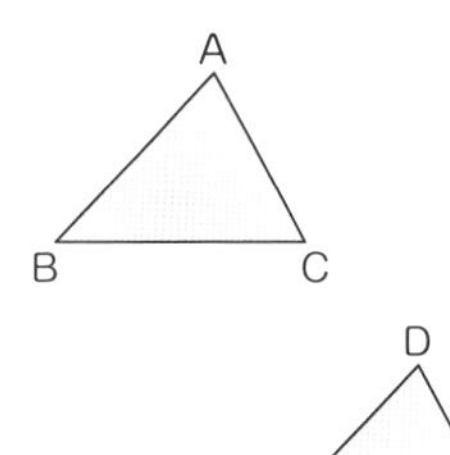

1 △ABCと△DEFが合同であることを，記号≡を使って，❶＿＿＿＿と表す。

2 辺ABに対応する辺は，❷＿＿＿＿だから，AB＝❸＿＿＿＿

3 ∠Fに対応する角は，❹＿＿＿＿だから，∠F＝❺＿＿＿＿

1

合同な図形では，対応する**線分の長さは，それぞれ等しい**。また，**対応する角の大きさは，それぞれ等しい**。

2 三角形の合同条件

1 AB＝DF，BC＝FE，CA＝EDであるとき，❻＿＿＿＿がそれぞれ等しいから，△ABC≡△DFE

2 AB＝DF，BC＝FE，∠B＝∠Fであるとき，❼＿＿＿＿と❽＿＿＿＿がそれぞれ等しいから，△ABC≡△DFE

3 BC＝FE，∠B＝∠F，∠C＝∠Eであるとき，❾＿＿＿＿と❿＿＿＿＿がそれぞれ等しいから，△ABC≡△DFE

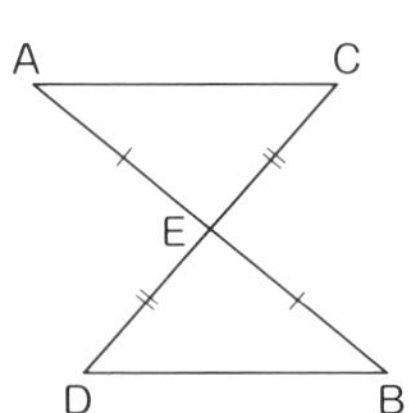

4 右の図で，AE＝BE，CE＝DEであるとき，合同な三角形を，記号≡を使って表すと，△ACE≡⓫＿＿＿＿

5 AE＝BE，CE＝DE，∠AEC＝∠BEDだから，4のときに使った合同条件は，「⓬＿＿＿＿がそれぞれ等しい。」

三角形の合同条件

①**3組の辺がそれぞれ等しい。**

②**2組の辺とその間の角がそれぞれ等しい。**

③**1組の辺とその両端（りょうたん）の角がそれぞれ等しい。**

どの合同条件があてはまるかは，与（あた）えられた辺の長さや角度に関する条件を図に書き加えてから考えてみる。

10点アップ！ 10分

1 合同な図形の性質

右の図で，四角形ABCDと四角形GHEFは合同である。次の問いに答えなさい。

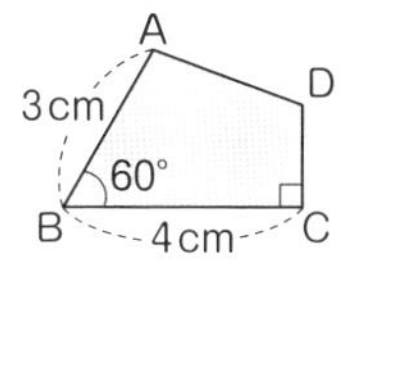

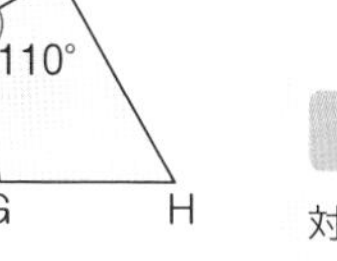

❶ 2つの四角形が合同であることを，記号≡を使って表しなさい。

(　　　　　　　　)

❷ 辺GHの長さを求めなさい。

(　　　　　　　　)

❸ ∠GHE，∠BADの大きさを求めなさい。

∠GHE (　　　　　　　　)

∠BAD (　　　　　　　　)

ヒント

1 ❶
対応する頂点の順に書く。

❷❸
それぞれ対応する辺や角をみつける。

2
図の中の辺の長さや角の大きさから，合同条件にあてはまる三角形をみつける。

点UP

2 三角形の合同条件

下の図で，合同な三角形はどれとどれですか。記号≡を使って表し，そのときに使った合同条件も答えなさい。

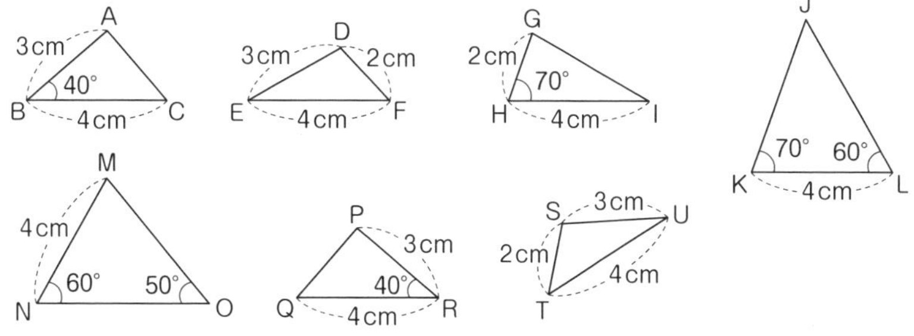

合同な三角形　　　　合同条件

(　　　　　) (　　　　　　　　　　)

(　　　　　) (　　　　　　　　　　)

(　　　　　) (　　　　　　　　　　)

3 （4章）平行と合同

証明

別冊 p.13

D-14

基本をチェック

10分

1 証明のしくみ

1 「○○○ならば，□□□」と表されるとき，○○○の部分を ❶＿＿＿＿，□□□の部分を ❷＿＿＿＿ という。

2 「△ABC≡△DEF ならば，BC＝EF である。」について，仮定（かてい）は ❸＿＿＿＿，結論（けつろん）は ❹＿＿＿＿ である。

3 「$\ell /\!/ m$，$m /\!/ n$ ならば，$\ell /\!/ n$ である。」について，仮定は ❺＿＿＿＿，結論は ❻＿＿＿＿ である。

1

● よく使われる証明の根拠（こんきょ）

①対頂角の性質
②平行線の性質
③三角形の内角，外角
④三角形の合同条件
⑤合同な図形の性質
など

2 証明の進め方

右の図で，AB＝CD，∠ABC＝∠DCB ならば，AC＝DB であることを証明する。

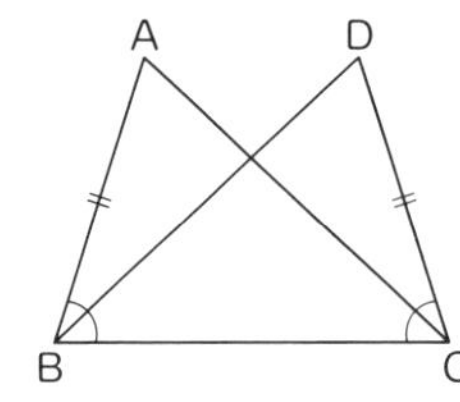

1 仮定は，AB＝CD，❼＿＿＿＿
結論は，❽＿＿＿＿

2 AC＝DB を示すために，△ABC と △❾＿＿＿＿ の合同を証明する。

［証明］ △ABC と △❿＿＿＿＿ で，
仮定より，AB＝DC ……(i)
⓫＿＿＿＿ ……(ii)
共通な辺だから，
BC＝⓬＿＿＿＿ ……(iii)
(i)，(ii)，(iii)より，⓭＿＿＿＿ が
それぞれ等しいので，
△ABC≡△DCB
合同な図形の対応する ⓮＿＿＿＿ は等しいので，
AC＝DB

2

● 問題文の中から，仮定と結論をみつけ，**根拠となることがらを示しながら，仮定から結論を導く。**

10点アップ！

10分

1 証明の進め方

右の図で，AB＝CB，AD＝CDならば，

∠ABD＝∠CBDであることを証明する。

次の問いに答えなさい。

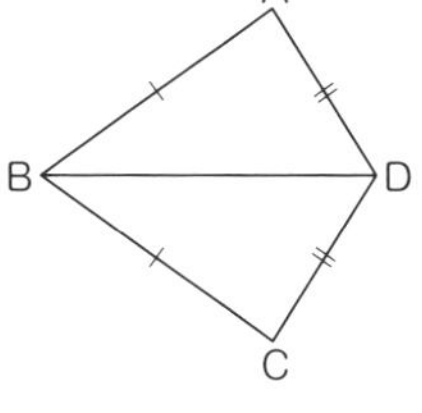

❶ 仮定と結論を答えなさい。

仮定（　　　　　　　　　）　結論（　　　　　　　　　）

❷ 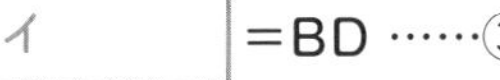に記号やことばをあてはめて，証明を完成させなさい。

［証明］△ABDと△CBDで，

仮定より，AB＝CB　……①

AD＝［ア］　……②

共通な辺だから，［イ］＝BD　……③

①，②，③より，

［ウ］がそれぞれ等しいので，

△ABD≡△CBD

合同な図形の対応する［エ］は等しいので，

∠ABD＝∠CBD

点UP

2 証明

右の図で，AB//CD，AB＝CDならば，

AE＝DEであることを証明しなさい。

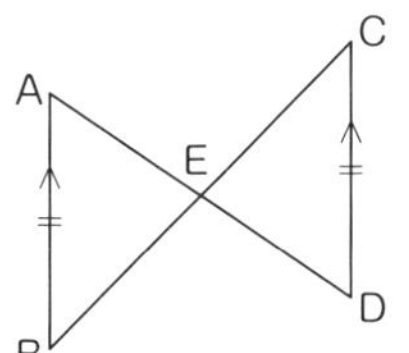

［証明］

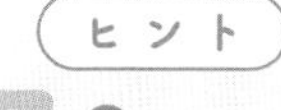

1 ❶

わかっていることが仮定，これから証明することが結論。

❷

∠ABDと∠CBDを，それぞれもつ2つの三角形の合同を証明する。

2

AB//CDから，平行線の性質を使い，等しい角をみつけて証明する。

4章 平行と合同

5章 三角形と四角形

1 二等辺三角形

解答 別冊 p.14

D-15

基本をチェック 10分

1 二等辺三角形

1 2つの辺の長さが等しい三角形を❶ ＿＿＿＿という。

2 二等辺三角形で，長さの等しい2つの辺がつくる角を❷ ＿＿＿＿，この角に対する辺を底辺（ていへん），底辺の両端（りょうたん）の角を❸ ＿＿＿＿という。

2 二等辺三角形の性質

1 右のAB＝BCの△ABCで，

AB＝❹ ＿＿＿＿cm

∠A＝❺ ＿＿＿＿°

∠B＝❻ ＿＿＿＿°

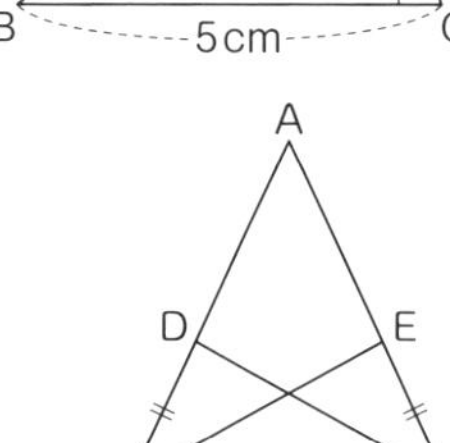

2 右の図は，AB＝ACの二等辺三角形である。

BD＝CEならば，BE＝CDであることを次のように証明する。

A
D E
B C

［証明］ △BCEと△❼ ＿＿＿＿で，

仮定より，CE＝❽ ＿＿＿＿ ……(ⅰ)

共通な辺だから，BC＝❾ ＿＿＿＿ ……(ⅱ)

二等辺三角形の底角（ていかく）は等しいから，

∠BCE＝∠❿ ＿＿＿＿ ……(ⅲ)

(ⅰ)，(ⅱ)，(ⅲ)より，⓫ ＿＿＿＿が

それぞれ等しいので，△BCE≡△⓬ ＿＿＿＿

合同な図形の対応する辺の長さは等しいので，

BE＝CD

3 逆

1 「$a>0$，$b>0$ならば，$ab>0$である」…Ⓐの逆（ぎゃく）は，

「⓭ ＿＿＿＿ならば，⓮ ＿＿＿＿である」

例えば，$a=-1$，$b=-1$のとき，$ab>0$であるが，

$a>0$，$b>0$ではないから，Ⓐの逆は正しいとはいえない。

このような例を⓯ ＿＿＿＿という。

1

- 二等辺三角形の性質
  ①2つの底角は等しい。
  ②頂角（ちょうかく）の二等分線は，底辺を垂直に2等分する。

2

- 二等辺三角形になる条件
  三角形の2つの角が等しければ，その三角形は等しい2つの角を底角とする二等辺三角形である。

3

- あることがらの仮定と結論を入れかえたものを，そのことがらの逆という。
- あることがらが成り立たない例を反例（はんれい）という。

10点アップ！

10分

1 三角形の角

次の図で，同じ印をつけた辺の長さが等しいとき，∠xの大きさを求めなさい。

❶ 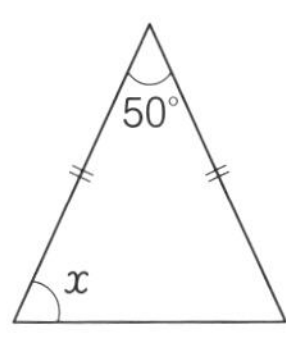

❷ 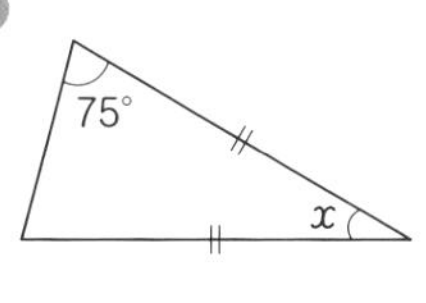

❸ 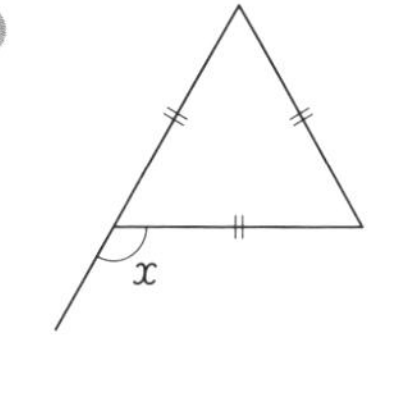

（　　　　）（　　　　）（　　　　）

点UP

2 二等辺三角形になるための条件

右の図でAB＝DC，∠ABC＝∠DCBである。ACとDBの交点をEとするとき，△EBCが二等辺三角形であることを証明しなさい。

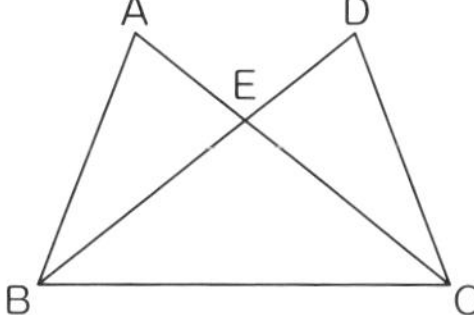

［証明］

3 逆

次のことがらの逆を（　）に書きなさい。また，逆が正しいときは〔　〕に○を，正しくないときは〔　〕に，その反例を1つ書きなさい。

❶ $x=0$，$y=0$ならば，$x^2+y^2=0$

（　　　　）

〔　　　〕

❷ 6の倍数は3の倍数である。

（　　　　）

〔　　　〕

ヒント

1 ❶❷

二等辺三角形の底角は等しいことを使う。

❸

正三角形の3つの角は等しいことを使う。

2

二等辺三角形であることを証明するには，2つの角が等しいことを示せばよい。

3

逆が正しいかどうかは，反例があるかを考える。

2 直角三角形の合同

別冊 p.14

D-16

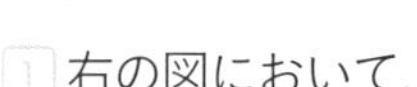

10分

1 直角三角形の合同

1 右の図において，

∠C＝∠F＝90°，

AB＝DE,

∠B＝∠Eであるとき，

❶ ＿＿＿＿＿＿がそれぞれ等しいので，

△ABC≡△DEF

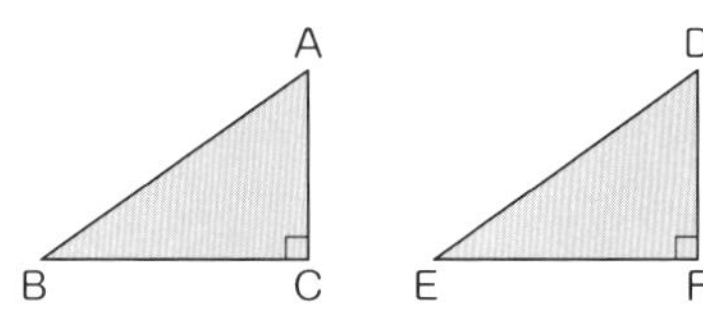

2 ∠C＝∠F＝90°，AB＝DE，BC＝EFであるとき，

❷ ＿＿＿＿＿＿がそれぞれ等しいので，

△ABC≡△DEF

3 右の図で，∠A＝∠C＝90°，AD＝CDならば，

∠ABD＝∠CBDであることを証明する。

［証明］ △ABDと△❸＿＿＿＿で，

仮定より，∠A＝∠C＝90° ……(i)

AD＝❹＿＿＿＿ ……(ii)

共通な辺だから，❺＿＿＿＿＝BD ……(iii)

(i)，(ii)，(iii)より，直角三角形の❻＿＿＿＿＿＿が

それぞれ等しいので，△ABD≡△CBD

合同な図形の対応する❼＿＿＿＿は等しいので，

∠ABD＝∠CBD

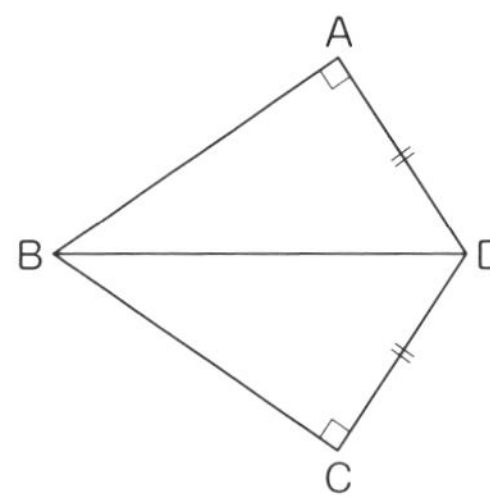

4 右の図のAB＝DEの直角三角形で，

△ABC≡△DEFとなるために加える

もう1つの条件は，

∠A＝∠❽＿＿＿＿，∠B＝∠❾＿＿＿＿，

AC＝❿＿＿＿＿，⓫＿＿＿＿＝EF

のうちのいずれかである。

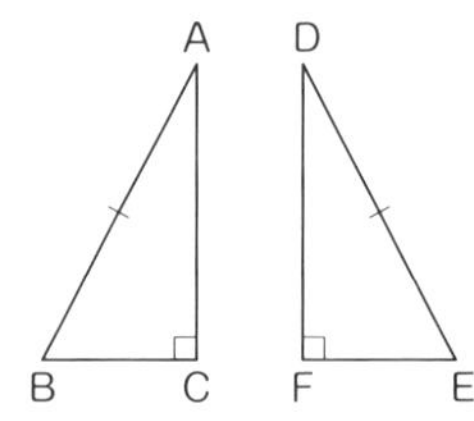

1

- 直角三角形の**直角**に**対する辺**を斜辺（しゃへん）という。
- **直角三角形の合同条件**
  ①**斜辺と1つの鋭角（えいかく）がそれぞれ等しい。**
  ②**斜辺と他の1辺がそれぞれ等しい。**
- 直角三角形でも，三角形の合同条件を用いて合同を示すことができる。
- **直角三角形の合同条件を使用する場合は**，証明の中で，**1つの角度が90°であることを示しておく。**

10点アップ！ 10分

点UP
1 直角三角形の合同

下の図で，合同な三角形はどれとどれですか。 記号≡を使って表し，そのときに使った合同条件を答えなさい。

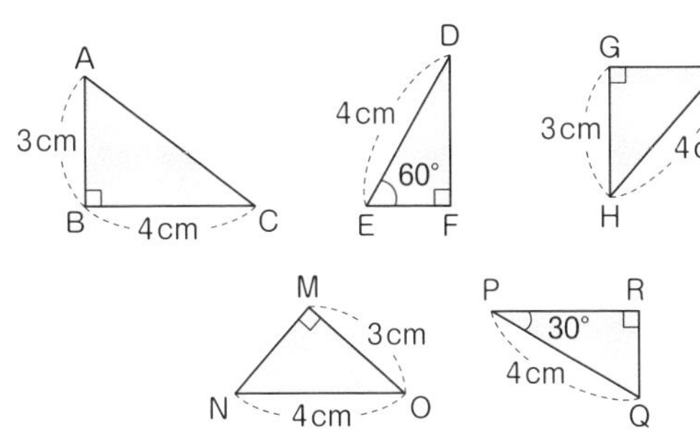

合同な三角形　　合同条件

(　　　)　(　　　)

(　　　)　(　　　)

(　　　)　(　　　)

ヒント

1 まず，斜辺（しゃへん）が等しい直角三角形をみつける。ただし，使う合同条件は直角三角形の合同条件だけではないことに注意。

2 直角三角形の合同を利用した証明

右の図で，∠ACB＝∠AED＝90°，AB＝AD ならば，AC＝AE であることを証明しなさい。

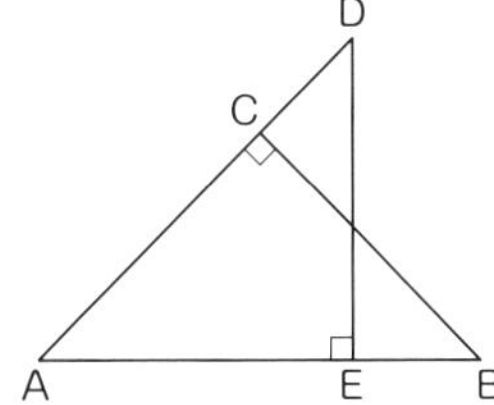

[証明]

2 直角三角形があるので，まず，直角三角形の合同条件が使えるかを考える。

5章 三角形と四角形

別冊 p.15

D-17

5章 三角形と四角形

3 平行四辺形，平行線と面積

基本をチェック　10分

1 平行四辺形の性質

右の図の▱ABCDで，

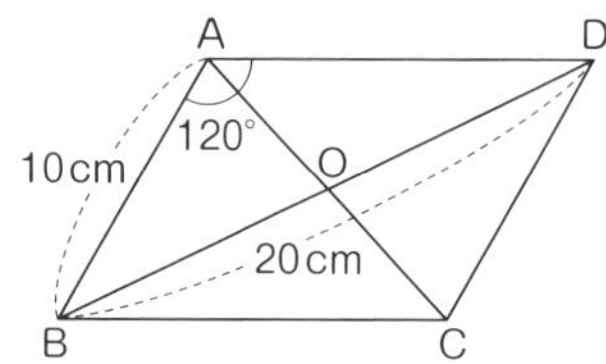

1 DC＝❶＿＿＿＿cm

2 ∠BCD＝❷＿＿＿＿°

3 ∠ABC＝❸＿＿＿＿°

4 BO＝❹＿＿＿＿cm

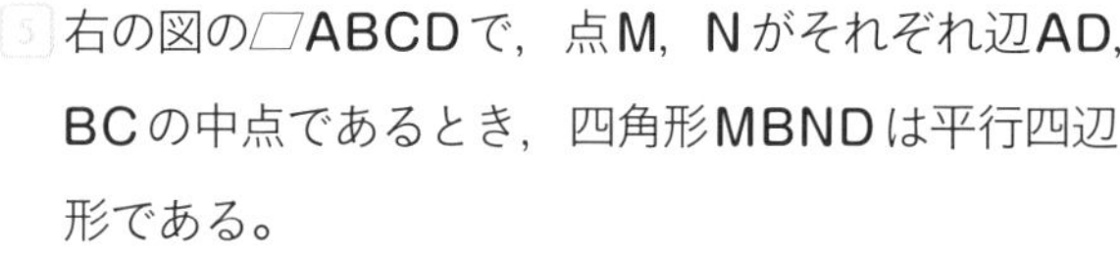

5 右の図の▱ABCDで，点M，Nがそれぞれ辺AD，BCの中点であるとき，四角形MBNDは平行四辺形である。

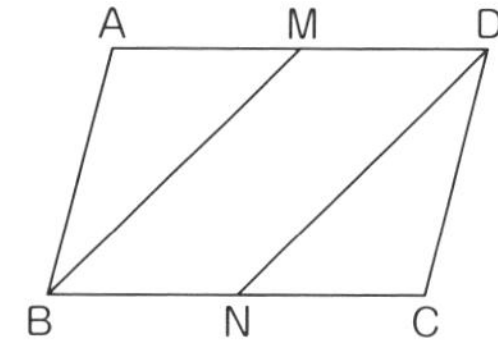

このことを次のように証明する。

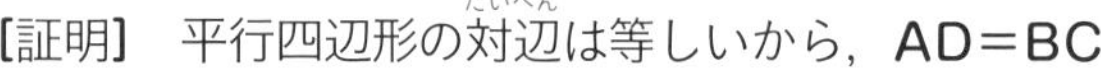

［証明］ 平行四辺形の対辺(たいへん)は等しいから，AD＝BC

点M，Nはそれぞれ辺AD，BCの中点だから，

MD＝$\frac{1}{2}$AD，BN＝$\frac{1}{2}$BCより，

MD＝❺＿＿＿＿ ……(ⅰ)

また，平行四辺形の対辺は平行だから，

AD//BCより，MD//❻＿＿＿＿ ……(ⅱ)

(ⅰ)，(ⅱ)より，❼＿＿＿＿＿＿＿＿

ので，四角形MBNDは平行四辺形である。

2 特別な平行四辺形

1 ▱ABCDに，∠B＝90°を加えると❽＿＿＿＿になる。

2 ▱ABCDに，AC⊥BDを加えると❾＿＿＿＿になる。

3 平行線と面積

右の図のAD//BCの台形ABCDで，面積が等しい三角形の組は，

A　D
O
B　C

1 △ABC＝❿＿＿＿＿

2 △ABD＝⓫＿＿＿＿

3 △ABO＝⓬＿＿＿＿

1

- 平行四辺形の性質
  - ①2組の対辺はそれぞれ等しい。
  - ②2組の対角(たいかく)はそれぞれ等しい。
  - ③対角線はそれぞれの中点で交わる。
- 平行四辺形になるための条件
  - ①2組の対辺がそれぞれ平行である。
  - ②2組の対辺がそれぞれ等しい。
  - ③2組の対角がそれぞれ等しい。
  - ④対角線がそれぞれの中点で交わる。
  - ⑤1組の対辺が平行でその長さが等しい。

2

- 長方形
  4つの角がすべて等しい四角形。
- ひし形
  4つの辺がすべて等しい四角形。
- 正方形
  4つの角がすべて等しく，4つの辺がすべて等しい四角形。

3

- 等積変形
  PQ//ABならば，
  △PAB＝△QAB

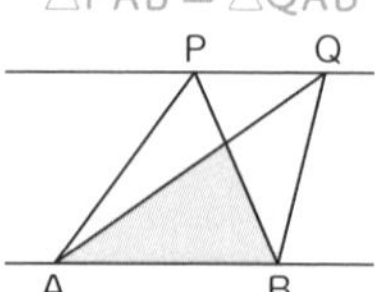

10点アップ！

10分

1 平行四辺形の性質

次の図の▱ABCDで，x，yの値を求めなさい。

❶ AB//EF，AD//GH

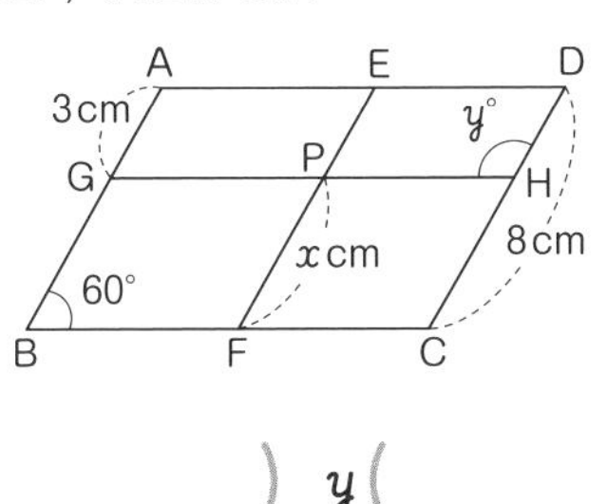

x（　　　）　y（　　　）

❷ ∠BCE＝∠ECD

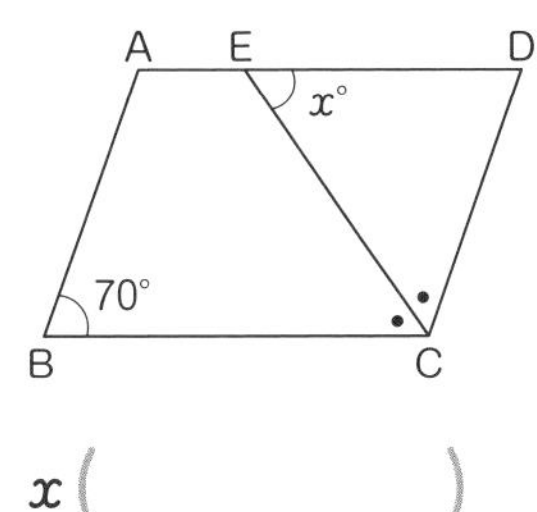

x（　　　）

2 平行四辺形になるための条件

右の図の▱ABCDで，対角線の交点をOとし，OB，ODの中点をそれぞれE，Fとする。このとき，四角形AECFが平行四辺形であることを証明しなさい。

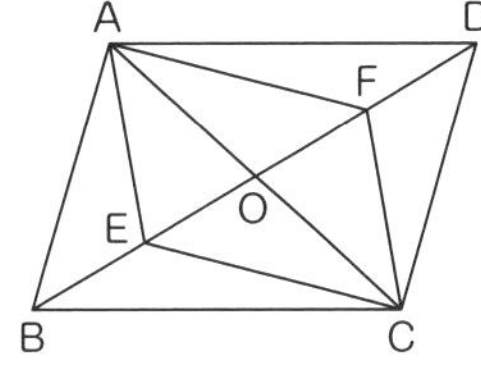

［証明］

点UP

3 平行線と面積

右の図の四角形ABCDと面積の等しい△ABEを，BCの延長上に点Eをとって図にかきなさい。

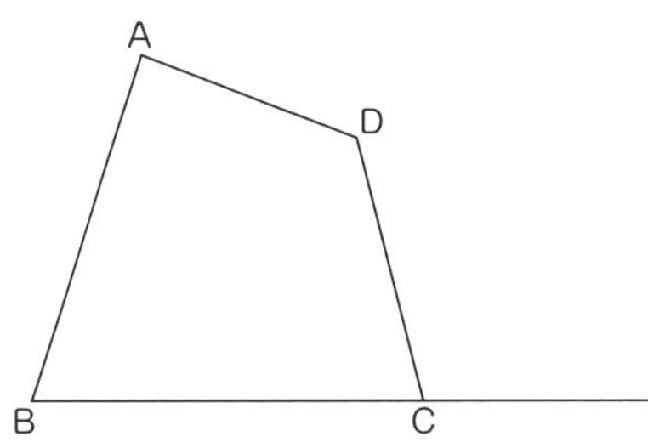

ヒント

1 ❶
平行四辺形の対辺，対角はそれぞれ等しいことから求める。

❷
AD//BCから，錯角(さっかく)が等しいことに注目。

2
平行四辺形の対角線の交点はそれぞれの中点で交わることに注目。

3
四角形ABCDを△ABCと△ACDに分け，△ACDと面積の等しい△ACEをかく。

5章 三角形と四角形

6章 確率

1 確率の求め方

別冊 p.16

D-18

基本をチェック

10分

1 確率の意味

1 あることがらの起こりやすさの程度を表す数を❶＿＿＿＿という。

2 確率の求め方

1 起こることが同じ程度に期待できるとき，❷＿＿＿＿＿＿＿＿という。

2 1のとき，起こる場合が全部でn通りあり，そのうちのAの起こる場合がa通りあるとすると，Aの起こる確率pは，

$p=$ ❸＿＿＿＿である。

● ジョーカーを除く1組(52枚)のトランプをよく切って，そのなかから1枚ひく。このとき，

3 起こりうる場合は，全部で❹＿＿＿＿通り。

4 ひいたカードがハートである場合は13通りだから，

ハートをひく確率は❺＿＿＿＿となる。

5 ひいたカードがエースである場合は❻＿＿＿通りだから，エースをひく確率は

❼＿＿＿＿となる。

6 ひいたカードがジョーカーである場合はないから，ジョーカーをひく確率は

❽＿＿＿となる。

● 右のような旗に青，赤，緑を1色ずつぬる。このとき，

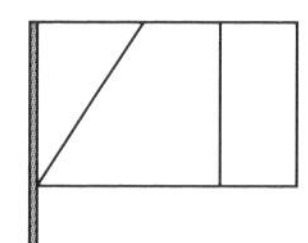

7 色のぬり方が全部で何通りあるかを❾＿＿＿＿＿に表して調べると，

左	中	右
青	赤	緑
	緑	赤
赤	青	緑
	緑	❿＿＿
⓫＿＿	青	赤
	赤	青

これより，全部で⓬＿＿＿通りあり，旗の右側が赤になる場合は

⓭＿＿＿通りあるとわかる。

2
- 確率も，約分できるときはこれ以上約分できない形に直してから答える。

- **確率の範囲**
  あることがらの起こる確率をpとすると，$0 \leqq p \leqq 1$である。

- **かならず起こることがら**の確率は1
- **決して起こらないことがら**の確率は0

10点アップ！ 10分

1 確率の意味

次のそれぞれについて，考え方が正しいかどうか答えなさい。

❶ 1つのさいころを60回投げるとき，1の目はかならず10回出る。

（　　　　）

❷ 1枚の硬貨(こうか)を投げるとき，表の出る確率と裏の出る確率は等しい。

（　　　　）

❸ 袋(ふくろ)の中に，赤玉3個と白玉2個が入っている。この袋から玉を1個取り出すとき，赤玉が出る確率は白玉が出る確率よりも大きい。

（　　　　）

ヒント

1 ❶
確率は，あることがらの起こりやすさの程度を表す数のこと。その割合でかならず起こるということではない。

2 さいころを投げるときの確率

1つのさいころを投げるとき，次の確率を求めなさい。

❶ 3の目が出る確率

（　　　　）

❷ 偶数(ぐうすう)の目が出る確率

（　　　　）

❸ 3の倍数の目が出る確率

（　　　　）

2
1つのさいころを投げるときの起こりうる場合は全部で6通り。

点UP

3 くじびきの確率

20本のくじのうち，6本があたりであるくじを1本ひくとき，次の確率を求めなさい。

❶ あたりくじをひく確率

（　　　　）

❷ はずれくじをひく確率

（　　　　）

3
くじのひき方は全部で20通り。そのうち，あたりをひく場合とはずれをひく場合を考える。

いろいろな確率

解答 別冊 p.17

さくっとマルつけ D-19

基本をチェック 10分

1 いろいろな確率

1 5本のうち2本があたりのくじがある。このくじを，Aが先に1本ひき，くじをもどさずにBが1本ひくとき，Aがあたりで B がはずれである確率を次のように求める。

あたりくじを①，②，はずれくじを3，4，5として，樹形図(じゅけいず)に表すと，

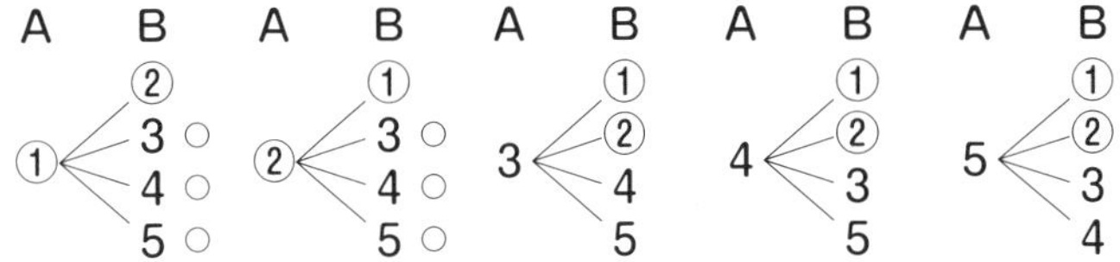

起こりうる場合の数は，全部で❶＿＿＿＿通り。

そのうち，Aがあたりで B がはずれる場合は❷＿＿＿通り。

したがって，求める確率は $\frac{❸}{❹}=\frac{❺}{10}$

2 赤，青，黄，緑，白の5本のリボンのなかから色を見ずに2本のリボンを選ぶとき，青のリボンがふくまれる確率を次のように求める。

選び方を樹形図に表すと，

選び方は全部で❻＿＿＿＿通り。

そのうち，青がふくまれるのは❼＿＿＿通り。

したがって，求める確率は❽＿＿＿＿ $=\frac{❾}{5}$

3 1から5までの数字を1つずつ書いた5枚のカードから，数字を見ずに1枚ずつ2回ひき，ひいた順に並べて2けたの整数をつくる。できる整数が3の倍数である確率を次のように求める。

できる整数は，12，13，14，15，21，23，24，25，
31，32，34，35，41，42，43，45，51，52，53，54
の❿＿＿＿＿通り。そのうち，3の倍数であるのは⓫＿＿＿通り。

したがって，求める確率は⓬＿＿＿＿

1

● **複雑な確率を求める**
樹形図や表を用いて，場合の数を正確に調べる。

●（ことがらAの起こらない確率）＝1−（Aの起こる確率）

10点アップ！

10分

1 硬貨を投げるときの確率

3枚の硬貨を同時に投げるとき，次の確率を求めなさい。

❶ 3枚とも表になる確率

（　　　　）

❷ 1枚は表で2枚は裏になる確率

（　　　　）

❸ 少なくとも1枚は表になる確率

（　　　　）

2 さいころを投げるときの確率

大小2つのさいころを同時に投げるとき，次の確率を求めなさい。

❶ 出た目の数の和が8になる確率

（　　　　）

❷ 出た目の数の積が奇数になる確率

（　　　　）

点UP ❸ 少なくとも一方は4以下の目が出る確率

（　　　　）

3 玉を取り出すときの確率

赤玉が3個，青玉が2個，白玉が1個入っている袋がある。この袋から同時に2個の玉を取り出すとき，次の確率を求めなさい。

❶ 2個とも赤玉である確率

（　　　　）

❷ 1個が青玉，1個が白玉である確率

（　　　　）

❸ 少なくとも1個が赤玉または白玉である確率

（　　　　）

ヒント

1
樹形図をかいて，全部の場合の数を求める。

❸
「3枚とも裏にならない」確率を求める。

2
2つのさいころの目の出方は全部で36通り。

❸
「2つとも5以上の目が出る」とならない確率を求める。

3
同じ色の玉も区別して考える。取り出し方を樹形図にかいて求める。

1

7章 データの比較

四分位数と箱ひげ図

別冊 p.18

D-20

基本をチェック 10分

1 四分位数

1 データの値を小さい順に並べたとき，データ全体の中央値を ❶ ＿＿＿＿ 四分位数，中央値を境目として，データの前半分の中央値を ❷ ＿＿＿＿，データの後半分の中央値を ❸ ＿＿＿＿ という。

2 10点満点のテストの得点について，受験者9人の得点を，得点の低い順に並べると，4, 6, 7, 7, 8, 8, 8, 9, 10 となっている。
このデータにおいて，中央値は，❹ ＿＿＿ 番目の値より，❺ ＿＿＿ 点，第1四分位数は，4, 6, 7, 7 の中央値より，$\frac{❻\ \_\_\_ +7}{2}$ = ❼ ＿＿＿＿（点），第3四分位数は，8, 8, 9, 10 の中央値より，❽ ＿＿＿＿ 点である。
四分位範囲は，❾ ＿＿＿＿ 四分位数 − 第1四分位数
= ❿ ＿＿＿＿ −6.5 = ⓫ ＿＿＿（点）である。

1
- 第2四分位数（中央値）
①データの個数が奇数の場合，真ん中の値。
例：1 2 3 4 5
→中央値は3
②データの個数が偶数の場合，真ん中2つの値の平均値。
例：1 2 3 4 5 6
→中央値は
$\frac{3+4}{2}=3.5$

2 箱ひげ図

● あるクラスの生徒11人について，先月読んだ本の冊数を調べると，次のようになった。

6, 2, 14, 8, 3, 5, 7, 9, 11, 4, 5

1 最小値は2冊，最大値は ⓬ ＿＿＿＿ 冊である。

2 第2四分位数（中央値）は，データの値を小さい順に並べたとき，
⓭ ＿＿＿ 番目の値だから，⓮ ＿＿＿ 冊である。

3 第1四分位数は，データの小さい値から5個分の中央値だから，
全体の ⓯ ＿＿＿ 番目の数，つまり，⓰ ＿＿＿ 冊である。

4 右の図のア〜ウで，このデータの箱ひげ図として正しいものは，⓱ ＿＿＿ である。

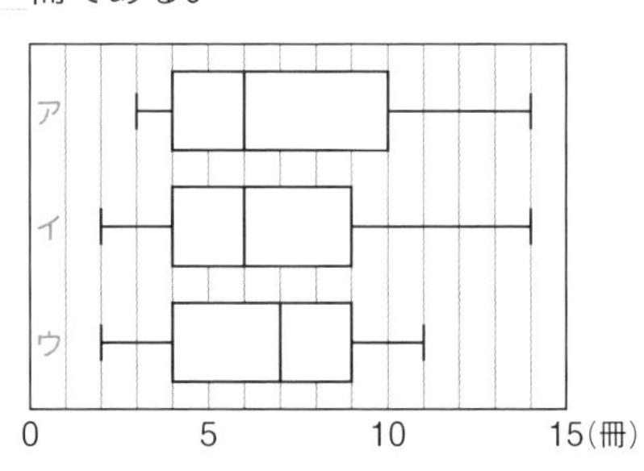

2
- 箱ひげ図のかき方
第1四分位数から第3四分位数までを箱で表し，最小値から第1四分位数までと，第3四分位数から最大値までをひげで表す。
第2四分位数を縦線で表す。

10分

1 四分位数と四分位範囲

ある都市の最近10日間の１日の最低気温（単位は℃）は，次のようであった。

8，10，7，17，14，14，16，11，10，9

このデータについて，次の問いに答えなさい。

❶四分位数を求めなさい。

第１四分位数（　　　　）
第２四分位数（　　　　）
第３四分位数（　　　　）

❷四分位範囲を求めなさい。

（　　　　）

点UP

2 箱ひげ図

あるクラスの生徒12人について，先月読んだ本の冊数を調べると，次のようになった。

4，4，6，5，4，8，9，3，5，5，3，12

このデータの箱ひげ図をかきなさい。

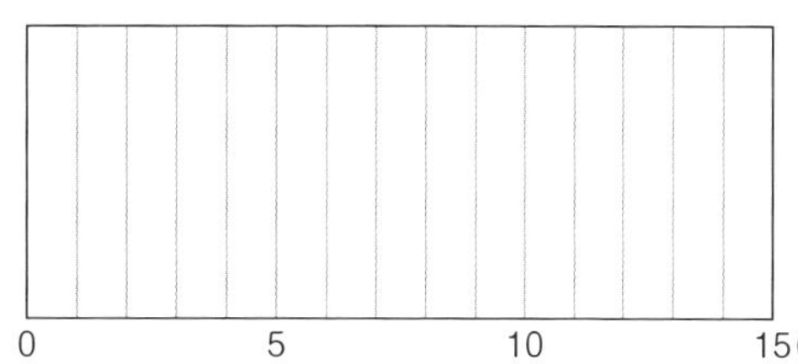

3 箱ひげ図を読み取る

右の図は，A組35人とB組35人のハンドボール投げの記録を表したものである。この図から読み取れることとして，次の❶・❷は，「正しい」「正しくない」「読み取れない」のどれであるかをいいなさい。

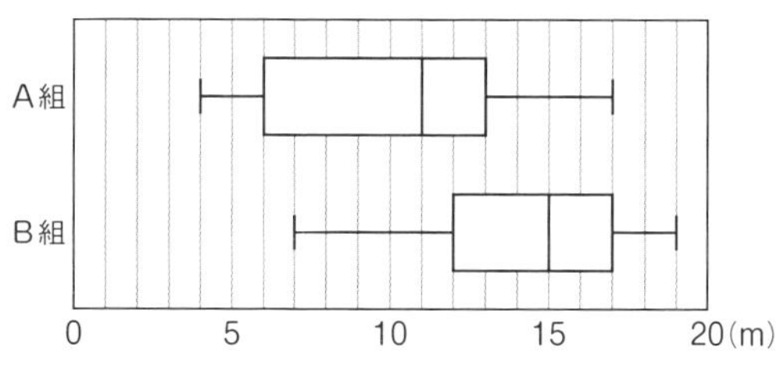

❶A組の平均値は11mである。

（　　　　）

❷記録が13m以上の人は，A組よりB組のほうが多い。

（　　　　）

ヒント

1 ❶
データの個数が偶数なので，第2四分位数は真ん中2つの値の平均値を求める必要がある。

2
最小値，最大値，第1四分位数，第2四分位数，第3四分位数を求める。

3 ❶
第2四分位数は，中央値であって，平均値ではない。

❷
データの個数が35個だから，データの値を小さい順に並べたとき，18番目の値が中央値。

重要用語・公式のまとめ

1章 式の計算

□ 単項式（たんこうしき）	数や文字についての乗法だけでつくられた式。1つの文字や1つの数も単項式と考える。
□ 多項式（たこうしき）	単項式の和の形で表された式。
□ 単項式の次数（じすう）	単項式でかけられている文字の個数。
□ 多項式の次数	多項式の**各項の次数のうちでもっとも大きいもの。**
□ 同類項（どうるいこう）	多項式で，文字の部分が同じである項。

2章 連立方程式

□ 2元（げん）1次方程式	2つの文字をふくむ1次方程式。
□ 連立方程式（れんりつほうていしき）	2つ以上の方程式を組み合わせたもの。
□ 加減法（かげんほう）	連立方程式の1つの文字の係数をそろえ，左辺どうし，右辺どうしをたすかひくかして，その文字を消去（しょうきょ）して解（と）く方法。
□ 代入法（だいにゅうほう）	連立方程式の一方の式を，もう一方の式に代入することによって，文字を消去して解く方法。

3章 1次関数

□ 1次関数	2つの変数x，yについて，yがxの1次式で表されるとき，yはxの1次関数であるという。 $y=ax+b$
□ 変化の割合	xの増加量に対するyの増加量の割合。 $(\text{変化の割合})=\dfrac{(y\text{の増加量})}{(x\text{の増加量})}$ **1次関数$y=ax+b$では，変化の割合は一定で，aに等しい。**
□ 切片（せっぺん）	1次関数のグラフとy軸（じく）との交点のこと。**1次関数$y=ax+b$のb**のこと。
□ 傾き（かたむき）	**1次関数$y=ax+b$のa**のこと。変化の割合ともいう。

4章 平行と合同

□ 対頂角（たいちょうかく）	2つの直線が交わってできる角のうち，向かい合っている2つの角のこと。**対頂角は等しくなる。** 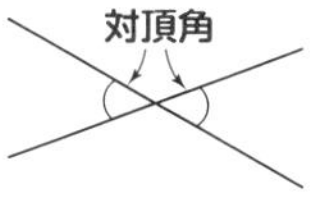 （図：対頂角）
□ 平行線の性質	2つの直線に1つの直線が交わるとき，**2直線が平行ならば，同位角（どういかく）・錯角（さっかく）は等しい。** 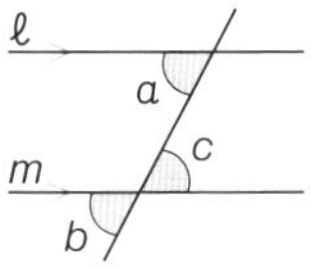 （図：ℓ，m，a，b，c）$\angle a=\angle b=\angle c$ 反対に，2直線に1つの直線が交わるとき，**同位角・錯角が等しければ，その2直線は平行になる。**
□ 内角（ないかく），外角（がいかく）	三角形や多角形をつくる角を内角という。**三角形の内角の和は180°。** 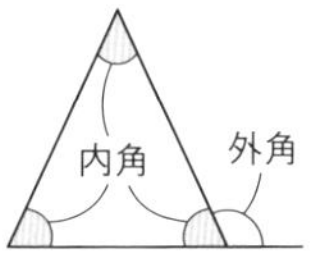 （図：内角，外角） また右上の図のように，1つの辺と，それととなり合う辺の延長との間にできる角を外角という。
□ 多角形の内角の和	n角形の内角の和 $180°\times(n-2)$
□ 多角形の外角の和	多角形の外角の和は，どのような多角形でも同じで，**360°**である。

□ 合同	平面上の2つの図形において，一方を移動して，もう一方の図形に重ね合わせることができるとき，この2つの図形は合同であるという。合同を表す記号は「≡」。
□ 三角形の合同条件	・3組の辺がそれぞれ等しい。 ・2組の辺とその間の角がそれぞれ等しい。 ・1組の辺とその両端の角がそれぞれ等しい。
□ 仮定，結論	「pならばq」のような形で表すとき，pを仮定，qを結論という。

5章 三角形と四角形

□ 定義	使うことばの意味をはっきりと述べたもの。
□ 定理	証明されたことがらのうち，大切なもの。
□ 二等辺三角形の定義・性質	（定義） ・2つの辺の長さが等しい三角形。 （性質） ・二等辺三角形の底角は等しい。 ・二等辺三角形の頂角の二等分線は，底辺を垂直に2等分する。
□ 正三角形の定義・性質	（定義） ・3つの辺が等しい三角形。 （性質） ・3つの角が等しく，すべて60°。
□ 逆	あることがらの仮定と結論を入れかえたもの。
□ 反例	仮定にあてはまるもののうち，結論が成り立たない場合の例。
□ 斜辺	直角三角形の直角に対する辺。
□ 直角三角形の合同条件	・斜辺と1つの鋭角がそれぞれ等しい。 ・斜辺と他の1辺がそれぞれ等しい。
□ 対辺，対角	四角形の向かい合う辺を対辺，向かい合う角を対角という。
□ 平行四辺形の定義・性質	（定義） ・2組の対辺がそれぞれ平行な四角形。 （性質） ・2組の対辺がそれぞれ等しい。 ・2組の対角がそれぞれ等しい。 ・対角線がそれぞれの中点で交わる。
□ 長方形の定義・対角線の性質	4つの角がすべて等しい四角形。 対角線の長さが等しい。
□ ひし形の定義・対角線の性質	4つの辺がすべて等しい四角形。 対角線が垂直に交わる。
□ 正方形の定義・対角線の性質	4つの角がすべて等しく，4つの辺がすべて等しい四角形。 対角線の長さが等しく，垂直に交わる。

6章 確率

□ 確率	あることがらの起こりやすさの程度を数で表したもの。
□ 同様に確からしい	起こることがいずれも同じ程度に期待できるとき，どの結果が起こることも同様に確からしいという。

7章 データの比較

□ 四分位数	データの値を小さい順に並べたとき，データの個数を4等分する境目の値。中央値を境目とする，データ前半分の中央値を第1四分位数，データ全体の中央値を第2四分位数，データ後半分の中央値を第3四分位数という。
□ 箱ひげ図	最小値，第1四分位数，第2四分位数，第3四分位数，最大値を箱とひげを用いて1つの図に表したもの。
□ 四分位範囲	第3四分位数と第1四分位数の差。

□ 執筆協力　踊堂憲道
□ 編集協力　㈱カルチャー・プロ　三宮千抄　田中浩子
□ 本文デザイン　細山田デザイン事務所（細山田光宣　南 彩乃　室田 潤）
□ 本文イラスト　ユア
□ DTP　㈱明友社
□ 図版作成　㈱明友社

シグマベスト
定期テスト
超直前でも平均 +10点ワーク
中２数学

編　者　文英堂編集部
発行者　益井英郎
印刷所　株式会社加藤文明社
発行所　株式会社文英堂
〒601-8121　京都市南区上鳥羽大物町28
〒162-0832　東京都新宿区岩戸町17
(代表)03-3269-4231

●落丁・乱丁はおとりかえします。

ΣBEST シグマベスト

定期テスト超直前でも平均+10点ワーク

【解答と解説】

中2 数学

文英堂

1章

式の計算

① 多項式の加法と減法

基本をチェック

❶ 単項式(たんこうしき)　❷ 多項式(たこうしき)

❸ 1次式　❹ 2次式

❺ $2a$，$-8b$，7（順不同）

❻ 4　❼ 3

❽ $-5a$　❾ $-5a$

❿ $-2b$　⓫ x^2+4x

⓬ $8x+2y$　⓭ $+3b$

10点アップ！

1 ❶ ア，エ（順不同）

❷ $2a^2$，$-3b$，-6（順不同）

❸ 2次式

2 ❶ $9x-3y$　❷ $4a-2b$

❸ $10x-3y$　❹ $5x-8y$

3 ❶ 和…$10x-5y$　差…$2x+11y$

❷ 和…$5a^2+3a$　差…$-a^2-a$

解説

1 ❶ 単項式(たんこうしき)は数や文字についての乗法だけでできている式。

❷ イは多項式(たこうしき)で，その項(こう)は1つ1つの単項式になる。

❸ もっとも次数(じすう)の大きい項は$-3xy$で，次数が2だから，2次式。

2 ❶ $5x-4y+4x+y=5x+4x-4y+y$

$=9x-3y$

❷ $6a-5b-2a+3b=6a-2a-5b+3b$

$=4a-2b$

❸ $(7x-y)+(3x-2y)$

$=7x-y+3x-2y$

$=10x-3y$

❹ $(8x-6y)-(3x+2y)$

$=8x-6y-3x-2y$

$=5x-8y$

3 ❶ 和…$(6x+3y)+(4x-8y)$

$=6x+3y+4x-8y$

$=10x-5y$

差…$(6x+3y)-(4x-8y)$

$=6x+3y-4x+8y$

$=2x+11y$

❷ 和…$(2a^2+a)+(3a^2+2a)$

$=2a^2+a+3a^2+2a$

$=5a^2+3a$

差…$(2a^2+a)-(3a^2+2a)$

$=2a^2+a-3a^2-2a$

$=-a^2-a$

ミス注意！

かっこのはずし方に注意する。

$-(A+B)=-A-B$，$-(A-B)=-A+B$

② 単項式の乗法と除法

基本をチェック

❶ $12x+8y$　❷ $\frac{20y}{5}$

❸ $3x+4y$　❹ $12x-42y$

❺ 7　❻ y

❼ $9b$　❽ $5a$

❾ $\frac{5}{3b}$　❿ $25a^2$

⓫ $5x+8y$　⓬ 4

⓭ (-2)　⓮ 4

10点アップ！

1 ❶ $-2a-2b$　❷ $3x+2y$

❸ $6a^2-5a$　❹ $-2x+y$

❺ $5m+n$　❻ $\frac{7a-2b}{9}$

2 ❶ $-14ab$　❷ $16x^2$

❸ 4　❹ $2x$

❺ $-8xy^2$

3 ❶ 41　❷ -48

解説

1 ❶ $-2(a+b)=-2\times a+(-2)\times b$

$=-2a-2b$

❷ $(9x+6y)\times\frac{1}{3}=9x\times\frac{1}{3}+6y\times\frac{1}{3}$

$=3x+2y$

❸ $(42a^2-35a)\div 7=\frac{42a^2}{7}-\frac{35a}{7}$

$=6a^2-5a$

❹ $(12x-6y)\div(-6)=\frac{12x}{-6}-\frac{6y}{-6}$

$=-2x+y$

❺ $2(m+2n)-3(-m+n)$

$=2m+4n+3m-3n$

$=5m+n$

❻ $\frac{2a-b}{3}+\frac{a+b}{9}=\frac{3(2a-b)}{9}+\frac{a+b}{9}$

$=\frac{6a-3b+a+b}{9}$

$=\frac{7a-2b}{9}$

2 ❶ $2a\times(-7b)=2\times(-7)\times a\times b$

$=-14ab$

❷ $(-4x)^2=(-4x)\times(-4x)$

$=(-4)\times(-4)\times x\times x$

$=16x^2$

❸ $28ab\div 7ab=\frac{28ab}{7ab}$

$=\frac{28\times a\times b}{7\times a\times b}$

$=4$

❹ $5x^2\div\frac{5}{2}x=5x^2\times\frac{2}{5x}$

$=\frac{5\times 2\times x\times x}{5\times x}$

$=2x$

❺ $6x^2y\div(-3x^2)\times 4xy$

$=\frac{6x^2y\times 4xy}{-3x^2}$

$=\frac{6\times 4\times x\times x\times x\times y\times y}{-3\times x\times x}$

$=-8xy^2$

ミス注意！

❹ $\frac{5}{2}x$の逆数は，$\frac{2}{5x}$である。$\frac{2}{5}x$としないように。

3 ❶ $4(x-2y)-5(2x+y)$

$=4x-8y-10x-5y$

$=-6x-13y$

この式に$x=4$，$y=-5$を代入して，

$-6\times 4-13\times(-5)=-24+65$

$=41$

❷ $24x^2y\div(-3x)=\frac{24\times x\times x\times y}{-3\times x}$

$=-8xy$

この式に$x=-1$，$y=-6$を代入して，

$-8\times(-1)\times(-6)=-48$

❸ 文字式の利用

✔ 基本をチェック

❶ 7の倍数　❷ $10a+b$

❸ $n-1$　❹ $3n$

❺ 3の倍数　❻ $2m+1$

❼ 2　❽ 2

❾ y　❿ 3

⓫ $4a$　⓬ -3

⓭ 2　⓮ $2S$

⓯ $a=\frac{2S}{h}$

10点アップ！

1 ア…$n+(n+1)+(n+2)+(n+3)+(n+4)$

$=5n+10=5(n+2)$

イ…$n+2$

ウ…$5(n+2)$

2 ア…x^2y

イ…$2x$

ウ…$\frac{1}{2}y$

エ…$(2x)^2\times\frac{1}{2}y=4x^2\times\frac{1}{2}y=2x^2y$

オ…2

3 ❶ $y=\frac{x-3}{2}$　❷ $h=\frac{S}{\pi r^2}$

❸ $z=\frac{x}{2}-y$ $\left[z=\frac{x-2y}{2}\right]$

解説

1 もっとも小さい整数をnとすると，連続した整数は1つずつ大きくなることから，5つの連続した整数はn，$n+1$，$n+2$，$n+3$，$n+4$と表される。

真ん中の整数をnとし，$n-2$，$n-1$，n，$n+1$，$n+2$と表して説明してもよい。

5の倍数であることを説明するので，$5n+10$を$5(n+2)$という，$5\times$(整数)の形に式を変える必要がある。

なお，真ん中の整数をnとすると，5つの連続した数の和が$5n$と，すでに$5\times$(整数)の形になっているので，式を変える必要はない。

2 Bの底面積はAの$2^2=4$倍，高さはAの$\frac{1}{2}$倍なので，体積は，$4\times\frac{1}{2}=2$より，2倍となる。

ミス注意！

BはAの何倍か？ → B÷Aを求める。
A÷Bとしないように注意する。

3 ❶ $x=2y+3$

両辺を入れかえると，$2y+3=x$

3を移項(いこう)すると，　$2y=x-3$

両辺を2でわると，　$y=\frac{x-3}{2}$

❷ $S=\pi r^2h$

両辺を入れかえると，　$\pi r^2h=S$

両辺をπr^2でわると，　$h=\frac{S}{\pi r^2}$

❸ $x=2(y+z)$

両辺を入れかえると，$2(y+z)=x$

両辺を2でわると，　$y+z=\frac{x}{2}$

yを移項すると，　$z=\frac{x}{2}-y$

2章

連立方程式

❶連立方程式の解き方

✔基本をチェック

❶ (−1)　❷ 4
❸ 3　❹ (−1)
❺ 3　❻ 2
❼ x　❽ $2x$
❾ 30　❿ −4
⓫ 3　⓬ $2x-1$
⓭ 14　⓮ 2
⓯ 3

10点アップ！

1 ウ

2 ❶ $x=1,\ y=-2$　❷ $x=3,\ y=2$
❸ $x=-2,\ y=6$　❹ $x=-4,\ y=-9$

3 ❶ $x=-3,\ y=7$　❷ $x=9,\ y=3$

解説

1 2つの方程式のどちらも成り立たせるxとyの値(あたい)の組をみつける。

2 上の式を①，下の式を②とする。

❶
$$\begin{array}{rr} ① & x-\ y=3 \\ ② & -)\ x+2y=-3 \\ \hline & -3y=6 \\ & y=-2 \end{array}$$
$y=-2$を①に代入して，
$x+2=3$，$x=1$

❷
$$\begin{array}{rr} ① & 3x-2y=5 \\ ②\times 2 & +)\ 10x+2y=34 \\ \hline & 13x\quad =39 \\ & x=3 \end{array}$$
$x=3$を②に代入して，
$15+y=17$，$y=2$

❸
$$\begin{array}{rr} ① & -4x+3y=26 \\ ②\times 2 & +)\ 4x+2y=4 \\ \hline & 5y=30 \\ & y=6 \end{array}$$
$y=6$を②に代入して，
$2x+6=2$，$x=-2$

❹
$$\begin{array}{rr} ①\times 3 & 21x-6y=-30 \\ ②\times 2 & -)\ 10x-6y=14 \\ \hline & 11x\quad =-44 \\ & x=-4 \end{array}$$
$x=-4$を①に代入して，
$-28-2y=-10$，$y=-9$

ミス注意！
②の式をひくときに，yの係数の符号(ふごう)に気をつける。

3 上の式を①，下の式を②とする。

❶ ①を②に代入して，
$$2x+5(-2x+1)=29$$
$$2x-10x+5=29$$
$$-8x=24$$
$$x=-3$$
$x=-3$を①に代入して，$y=6+1=7$

❷ ①を②に代入して，
$$-(4y-3)-4y=-21$$
$$-4y+3-4y=-21$$
$$-8y=-24$$
$$y=3$$
$y=3$を①に代入して，$x=12-3=9$

❷いろいろな連立方程式

✔基本をチェック

❶ $2y$　❷ 8
❸ 16　❹ 2
❺ 6　❻ 10
❼ $4y$　❽ −10
❾ $17y$　❿ −4

⑪ 2　⑫ $5x+6y$
⑬ $4x$　⑭ 8
⑮ -4

10点アップ！

1 ❶ $x=-5,\ y=-6$　❷ $x=\frac{3}{2},\ y=3$
❸ $x=-9,\ y=-12$
❹ $x=3,\ y=-16$　❺ $x=-3,\ y=2$
❻ $x=20,\ y=6$

2 ❶ $x=12,\ y=-15$　❷ $x=-6,\ y=3$

解説

1 上の式を①，下の式を②とする。

❶ ①のかっこをはずして整理すると，
$4x-7y=22$ …①′
①′−②×2より，$-9y=54,\ y=-6$
$y=-6$を②に代入して，
$2x-6=-16,\ x=-5$

❷ かっこをはずして整理すると，
$\begin{cases} 6x-y=6 & \cdots ①' \\ 2x-3y=-6 & \cdots ②' \end{cases}$
①′−②′×3より，$8y=24,\ y=3$
$y=3$を①′に代入して，
$6x-3=6,\ x=\frac{3}{2}$

❸ ①の両辺に18をかけて分母をはらう。
①×18より，$2x-3y=18$ …①′
①′−②×2より，$-y=12,\ y=-12$
$y=-12$を②に代入して，
$x+12=3,\ x=-9$

❹ ②の両辺に100をかけて分母をはらう。
②×100より，$4x+7y=-100$ …②′
①×4−②′より，$-3y=48,\ y=-16$
$y=-16$を①に代入して，
$x-16=-13,\ x=3$

❺ ①の両辺に10をかけて係数を整数にする。
①×10より，$4x+5y=-2$ …①′
①′+②×5より，$19x=-57,\ x=-3$
$x=-3$を②に代入して，
$-9-y=-11,\ y=2$

❻ ①の両辺に100をかけて係数を整数にする。
①×100より，$2x+10y=100$ …①′
①′−②より，$15y=90,\ y=6$
$y=6$を②に代入して，
$2x-30=10,\ x=20$

ミス注意！
両辺を何倍かするときは，右辺の数の項(こう)へのかけ忘れに注意。

2 ❶ $\begin{cases} x+y=-3 & \cdots ① \\ 6x+5y=-3 & \cdots ② \end{cases}$ として解(と)く。
①×5−②より，$-x=-12,\ x=12$
$x=12$を①に代入して，
$12+y=-3,\ y=-15$

❷ $\begin{cases} x-3y+12=-3 \\ 2x+3y=-3 \end{cases}$ より，
$\begin{cases} x-3y=-15 & \cdots ① \\ 2x+3y=-3 & \cdots ② \end{cases}$ として解く。
①+②より，$3x=-18,\ x=-6$
$x=-6$を①に代入して，
$-6-3y=-15,\ y=3$

③ 連立方程式の利用①

✔ 基本をチェック

❶ $x+y$　❷ $70x+90y$
❸ 12　❹ 8
❺ $6x+10y$　❻ $x+100$
❼ 250　❽ 350
❾ 250　❿ 350
⓫ $x+y=9$　⓬ $5x+4y=39$
⓭ 3　⓮ 6
⓯ 3　⓰ 6

10点アップ！

1 ❶ $\begin{cases} x+y=12 \\ 120x+180y=1860 \end{cases}$

❷りんご…5個　もも…7個

2-❶ $\begin{cases} 2x+3y=155 \\ 6x+4y=340 \end{cases}$

❷A…40g　B…25g

3 $\begin{cases} x+y=17 \\ 5x-3y=45 \end{cases}$　x…12　y…5

解説

1-❶買った個数の合計は12個だから，
$x+y=12$　…①
代金の合計は1860円だから，
$120x+180y=1860$　…②

❷①，②を連立方程式として解くと，
$x=5$，$y=7$
これらは問題にあっている。
よって，りんごは5個，ももは7個。

2-❶(A2個の重さ)+(B3個の重さ)=155(g)
から，$2x+3y=155$　…①
(A6個の重さ)+(B4個の重さ)=340(g)
から，$6x+4y=340$　…②

❷①，②を連立方程式として解くと，
$x=40$，$y=25$
これらは問題にあっている。
よって，Aは40g，Bは25g。

3 xとyの和は17だから，$x+y=17$　…①
(xの5倍)−(yの3倍)=45だから，
$5x-3y=45$　…②
①，②を連立方程式として解くと，
$x=12$，$y=5$　これらは問題にあっている。

ミス注意！
方程式を解いたあとの解(かい)の確かめを忘れずにしよう。個数や人数が負の数になることはない。

❹連立方程式の利用②

基本をチェック

❶$x+y$　❷$\dfrac{x}{3}+\dfrac{y}{5}$

❸6　❹15

❺$x+y$　❻$\dfrac{20}{100}y$

❼20　❽16

❾20　❿$x+y=6400$

⓫$\dfrac{3}{100}y$　⓬78

⓭3400　⓮3000

⓯3400

10点アップ！

1-❶ $\begin{cases} x+y=280 \\ \dfrac{x}{80}+\dfrac{y}{40}=4 \end{cases}$

❷A町からB町まで…240km
B町からC町まで…40km

2-❶ $\begin{cases} x+y=150 \\ \dfrac{10}{100}x+\dfrac{20}{100}y=26 \end{cases}$

❷スチール缶(かん)…40kg
アルミ缶…110kg

❸スチール缶…44kg
アルミ缶…132kg

解説

1-❶A町からC町までの道のりは280kmだから，$x+y=280$　…①
A町からB町までは時速80km，B町からC町までは時速40kmで走り，全体で4時間かかったから，
$\dfrac{x}{80}+\dfrac{y}{40}=4$　…②
(時間)=$\dfrac{(道のり)}{(速さ)}$

❷①，②を連立方程式として解くと，$x=240$，$y=40$　これらは問題にあっている。

よって，A町からB町までは240km，B町からC町までは40km。

2 ❶先月の回収量は150kgだから，

$x+y=150$ …①

先月から，スチール缶が10%，アルミ缶が20%増え，増えた回収量は26kgだから，

$\frac{10}{100}x+\frac{20}{100}y=26$ …②

❷①，②を連立方程式として解くと，

$x=40,\ y=110$

これらは問題にあっている。

よって，先月のスチール缶の回収量は40kg，アルミ缶の回収量は110kg。

❸今月のスチール缶の回収量は，先月より10%増えたので，

$40\times\left(1+\frac{10}{100}\right)=44(\text{kg})$

今月のアルミ缶の回収量は，先月より20%増えたので，

$110\times\left(1+\frac{20}{100}\right)=132(\text{kg})$

ミス注意！

先月，今月のどちらを問われているかに注意する。

3章

1次関数

❶1次関数

基本をチェック

❶関数	❷1次関数
❸$ax+b$	❹$70x+110$
❺いえる	❻ア，エ（順不同）
❼変化の割合	❽$\frac{1}{3}$
❾変化の割合	❿4
⓫4	⓬2
⓭$-\frac{3}{2}$	

10点アップ！

1 ❶○　❷×　❸○
❹○　❺×

2 ❶-12　❷$-3\leqq y\leqq 12$

3 ❶$\frac{1}{2}$　❷2

解説

1 $y=ax+b$で表されるとき，yはxの1次関数である。

❶（残りの量）=（はじめの量）−（使った量）より，$y=500-x$

❷（時間）$=\frac{（道のり）}{（速さ）}$より，$y=\frac{6}{x}$

これは反比例の関係である。

❸1次関数$y=100x+300$である。

❹（三角形の面積）$=\frac{1}{2}\times$（底辺）×（高さ）

より，$y=\frac{1}{2}\times 10\times x$より，$y=5x$

比例の関係も1次関数である。

❺$y=\frac{4}{3}\pi x^3$で，1次関数ではない。

ミス注意！
比例の関係 $y=ax\ (a \neq 0)$ も1次関数にふくまれる。

2 ❶ $\dfrac{(y\text{の増加量})}{(x\text{の増加量})}=a$ より，

$\dfrac{(y\text{の増加量})}{4}=-3$

$(y\text{の増加量})=-3\times4=-12$

❷ 1次関数(比例)で変域を求める場合，与(あた)えられた変域の両端(りょうたん)の値を代入すればよい。

$x=-2$ のとき，$y=-3\times(-2)+6=\underline{12}$

$x=3$ のとき，$y=-3\times3+6=-3$

よって，y の変域は $-3\leqq y\leqq 12$

3 ❶ x の増加量は，$10-4=6$

y の増加量は，

$-\dfrac{20}{10}-\left(-\dfrac{20}{4}\right)=-2-(-5)=3$

よって，変化の割合は，$\dfrac{3}{6}=\dfrac{1}{2}$

❷ x の増加量は，$(-2)-(-5)=3$

y の増加量は，

$-\dfrac{20}{-2}-\left(-\dfrac{20}{-5}\right)=10-4=6$

よって，変化の割合は，$\dfrac{6}{3}=2$

❷ 1次関数とグラフ

✔ 基本をチェック

❶ 傾(かたむ)き	❷ 切片(せっぺん)
❸ 右上がり	❹ 5
❺ 下がり	❻ $\dfrac{1}{2}x+6$
❼ 3	❽ 3
❾ 2	❿ $2x+1$
⓫ 1	⓬ 3
⓭ $x+2$	⓮ 等しい
⓯ 0	⓰ $2x-2$

10点アップ！

1

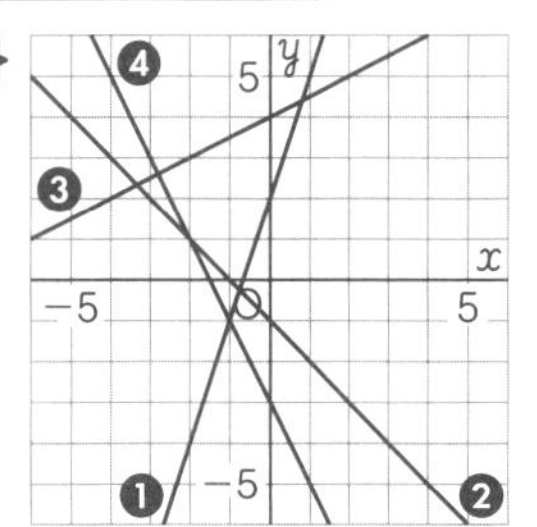

2 ア… $y=2x-1$

イ… $y=-x+4$

ウ… $y=-\dfrac{1}{2}x+1$

3 ❶ $y=4x-7$　❷ $y=-x+4$

❸ $y=2x+1$

解説

1 傾きと切片から通る2点を決めて，その2点を通る直線をひく。

❶ 切片が2だから，点(0, 2)を通る。また，傾きが3だから，点(0, 2)から右へ1，上へ3だけ進んだ点(1, 5)を通る。

❷ 切片が−1だから，点(0, −1)を通る。また，傾きが−1だから，点(0, −1)から右へ1，下へ1だけ進んだ点(1, −2)を通る。

❸ 切片が4だから，点(0, 4)を通る。また，傾きが $\dfrac{1}{2}$ だから，点(0, 4)から右へ2，上へ1進んだ点(2, 5)を通る。

❹ 切片が−3だから，点(0, −3)を通る。また，傾きが−2だから，点(0, −3)から右へ1，下へ2進んだ点(1, −5)を通る。

2 1次関数 $y=ax+b$ の定数 a，b をグラフより読み取る。直線と y 軸(じく)との交点より切片 b が求まる。グラフが，右に m 目盛り進むと上へ n 目盛り進むとき，傾き $a=\dfrac{n}{m}$ で求まる。

アの切片は−1より，$b=-1$。直線は，右に1目盛り進むと上へ2目盛り進んでいるの

で，$a=\frac{2}{1}=2$　よって，$y=2x-1$

イの切片は4より，$b=4$。直線は，右に1目盛り進むと下へ1目盛り進んでいるので，

$a=-\frac{1}{1}=-1$　よって，$y=-x+4$

ウの切片は1より，$b=1$。直線は，右に2目盛り進むと下へ1目盛り進んでいるので，$a=-\frac{1}{2}$　よって，$y=-\frac{1}{2}x+1$

ミス注意！

直線が，右へm目盛り進むと下へn目盛り進むとき，傾きは$\frac{-n}{m}$であることに注意する。

3 求める式を$y=ax+b$とおく。

❶グラフの傾きが4だから，$a=4$で，切片が-7だから，$b=-7$
したがって，$y=4x-7$

❷変化の割合が-1だから，$a=-1$より，
$y=-x+b$　この式に$x=1$，$y=3$を代入すると，$3=-1+b$　$b=4$
したがって，$y=-x+4$

❸変化の割合が$\frac{9-3}{4-1}=2$だから，
$y=2x+b$　この式に$x=1$，$y=3$を代入すると，$3=2+b$　$b=1$
したがって，$y=2x+1$

③ 1次関数と方程式

基本をチェック

❶ 2元1次方程式　❷ $y=\frac{2}{3}x-2$
❸ $\frac{2}{3}$　❹ -2
❺ 3　❻ $y=-\frac{3}{2}x+3$
❼ $-\frac{3}{2}$　❽ 3
❾ イ　❿ -3
⓫ x　⓬ エ
⓭ ウ　⓮ $-x+2$
⓯ $-2x-1$　⓰ -3
⓱ 5

10点アップ！

1 ❶ (0，3)
❷ (4，0)
❸ 右の図

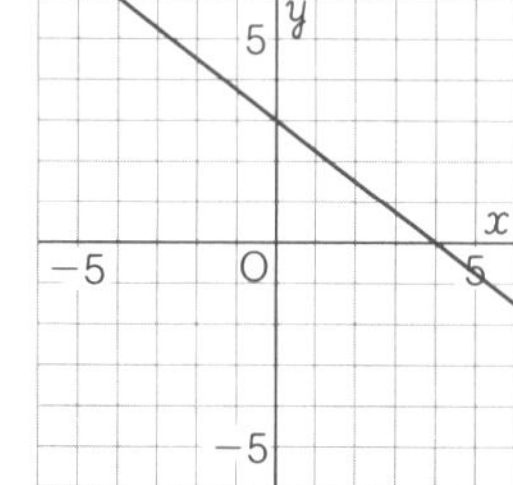

2

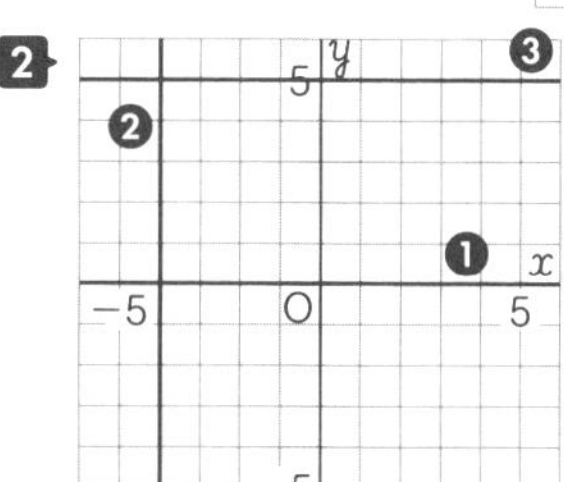

3 ❶ 右の図
❷ $x=4$　$y=-4$

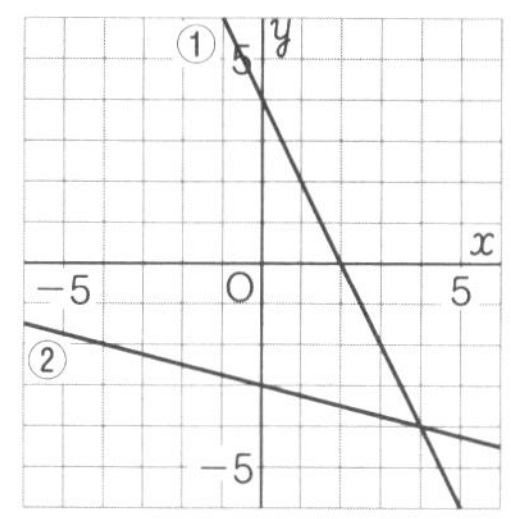

解説

1 ❶ y軸と交わるときのxの値は0だから，
$4y=12$，$y=3$

❷ x軸と交わるときのyの値は0だから，
$3x=12$，$x=4$

❸ 2点(0，3)，(4，0)を通る直線をひく。
または，$y=-\frac{3}{4}x+3$と変形して，傾きと切片からグラフをかいてもよい。

ミス注意！

❸のように，2点を通る直線をひくとき，x，y座標がともに整数である点をみつけるようにする。(分数や小数だと正確に点を取ることができない。)

2 $y=k$のグラフはx軸に平行，$x=h$のグラフはy軸に平行である。

❶ $y=0$のグラフは，x軸と重なる。

❷ $x+4=0$より，$x=-4$
グラフは点$(-4,\ 0)$を通り，y軸に平行な直線。

❸ $2y-10=0$より，$y=5$
グラフは点$(0,\ 5)$を通り，x軸に平行な直線。

3 ❶ ①$2x+y=4$より，$y=-2x+4$
グラフは傾き-2，切片4の直線。

②$x+4y=-12$より，$y=-\frac{1}{4}x-3$

グラフは傾き$-\frac{1}{4}$，切片-3の直線。

❷ 連立方程式の解は，それぞれの方程式のグラフの交点のx座標，y座標の組である。
①，②のグラフの交点は$(4,\ -4)$だから，
解は$x=4$，$y=-4$

④ 1次関数の利用

✔ 基本をチェック

❶ 10	❷ 14
❸ $\frac{1}{2}$	❹ 5
❺ $y=\frac{1}{2}x+5$	❻ 0
❼ 5	❽ 5
❾ 10	❿ 750
⓫ 1350	⓬ 1350
⓭ 60	⓮ $6-x$
⓯ $6-x$	⓰ $-2x+12$

10点アップ！

1 $y=160x+360$

2 ❶ 真一（しんいち）…**分速70m**
有紀（ゆき）…**分速140m**

❷ 700m

3 辺AB上…式 $y=3x$
変域 $0\leqq x\leqq 6$
辺BC上…式 $y=18$
変域 $6\leqq x\leqq 12$

解説

1 yはxの1次関数となっているから，
$y=ax+b$とおける。
$x=22$のとき$y=3880$，
$x=25$のとき$y=4360$だから，

$$\begin{cases}3880=22a+b\\4360=25a+b\end{cases}$$

これを解くと，$a=160$，$b=360$

2 ❶ 真一さんは，2100mを30分で進んだから，
$2100\div30=70$より，分速70m。
有紀さんは，2100mを15分で進んだから，
$2100\div15=140$より，分速140m。

❷ 真一さんのグラフは，2点$(0,\ 0)$，$(30,\ 2100)$を通る直線だから，直線の式は$y=70x$
有紀さんのグラフは2点$(0,\ 2100)$，$(15,\ 0)$を通る直線だから，直線の式は
$y=-140x+2100$
2人が出会うのは，2つのグラフが交わるところだから，

$$\begin{cases}y=70x\\y=-140x+2100\end{cases}$$

これを解いて，$x=10$，$y=700$
したがって，700m。

3 点Pが辺AB上にあるとき，△APDの底辺をADとすると，高さはAP＝$x$cmだから，

$y=\frac{1}{2}\times6\times x$　$y=3x$　点Pは辺AB上を動くので，xの変域は$0\leqq x\leqq 6$

点Pが辺BC上にあるとき，△APDの底辺をADとすると，高さは6cmで一定だから，

$y=\frac{1}{2}\times6\times6$　$y=18$

点Pは点Cまで，$6+6=12$(cm)動くから，
xの変域は$6\leqq x\leqq 12$

4章

平行と合同

❶平行線と角

✔基本をチェック

❶対頂角	❷120°
❸同位角	❹錯角
❺平行	❻平行
❼70°	❽180°
❾内角	❿6
⓫6	⓬360°
⓭360°	

10点アップ！

1 ∠a…40°　∠b…60°

2 ❶65°　❷70°

3 ❶95°　❷130°

4 ❶1080°　❷360°

解説

1 対頂角は等しいので，∠a＝40°
また，一直線の角は180°だから，
∠b＝180°−(80°+40°)＝60°

2 平行線の同位角，錯角は等しい。

❶右の図より，
∠x＝180°−115°
＝65°

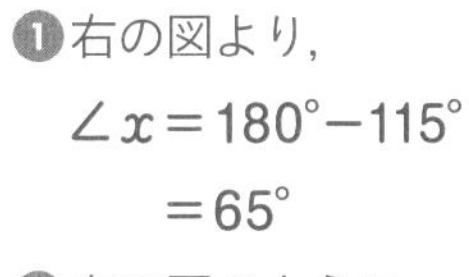

❷右の図のように，
ℓ，mに平行な直線を
ひくと，
∠x＝25°+45°＝70°

3 ❶三角形の１つの外角は，それととなり合わない２つの内角の和に等しいから，
∠x＝55°+40°＝95°

❷四角形の外角の和は360°。
85°ととなり合う外角は180°−85°＝95°
∠x＝360°−(95°+70°+65°)＝130°

4 ❶n角形の内角の和を求める式は
180°×(n−2)。
この式にn＝8を代入して，
180°×(8−2)＝1080°

❷多角形の外角の和は，どれも360°。

ミス注意！
n角形の，内角の和は，180°×(n−2)であるが，外角の和は，すべて360°で一定である。

❷合同な図形

✔基本をチェック

❶△ABC≡△DEF	❷辺DE
❸DE	❹∠C
❺∠C	❻３組の辺
❼２組の辺	❽その間の角
❾１組の辺	❿その両端の角
⓫△BDE	⓬２組の辺とその間の角

10点アップ！

1 ❶四角形ABCD≡四角形GHEF

❷3cm

❸∠GHE…60°
∠BAD…100°

2 合同な三角形…△ABC≡△PRQ
合同条件…２組の辺とその間の角がそれぞれ等しい
合同な三角形…△DEF≡△SUT
合同条件…３組の辺がそれぞれ等しい
合同な三角形…△JKL≡△OMN
合同条件…１組の辺とその両端の角がそれぞれ等しい

解説

1 ❶頂点Aに対応する頂点はG，頂点Bに対応する頂点はH，頂点Cに対応する頂点はE，頂点Dに対応する頂点はF。

❷辺GHに対応する辺は辺ABだから，3cm。

❸∠GHEに対応する角は∠ABCだから，60°。

∠ADCに対応する角は∠GFEで110°だから，∠BAD＝360°−(60°+90°+110°)＝100°

2 対応する頂点の順に書く。

△OMNで，∠M＝180°−(60°+50°)＝70°だから，△JKLと１組の辺とその両端の角がそれぞれ等しくなり，合同とわかる。

ミス注意！

裏返したり，回転したりすると重なる２つの図形も合同である。

❸証明

基本をチェック

❶仮定（かてい）　❷結論（けつろん）

❸△ABC≡△DEF　❹BC＝EF

❺ℓ // m，m // n　❻ℓ // n

❼∠ABC＝∠DCB　❽AC＝DB

❾DCB　❿DCB

⓫∠ABC＝∠DCB　⓬CB

⓭２組の辺とその間の角

⓮辺の長さ

10点アップ！

1 ❶仮定…AB＝CB，AD＝CD

結論…∠ABD＝∠CBD

❷ア…CD　イ…BD

ウ…３組の辺　エ…角の大きさ

2 △AEBと△DECで，

仮定より，AB＝DC　……①

AB // CDより，錯角（さっかく）が等しいから，

∠BAE＝∠CDE　……②

∠ABE＝∠DCE　……③

①，②，③より，１組の辺とその両端（りょうたん）の角がそれぞれ等しいので，△AEB≡△DEC

合同な図形の対応する辺の長さは等しいので，AE＝DE

解説

1 ❶仮定は，すでにわかっていることを問題文の中からみつければよい。

AB＝CB，AD＝CD

結論は，これから証明することを問題文の中からみつければよい。

∠ABD＝∠CBD

❷等しい辺や角などは，対応する頂点の順に書く。**ウ**には三角形の合同条件，**エ**には合同な図形の性質が入る。

2 辺AE，DEをそれぞれもつ△AEBと△DECの合同を証明すればよい。

AB // CDより，平行線の錯角が等しいことを使って等しい角をみつける。

ミス注意！

△AEB≡△DECを示したあとの証明を忘れるミスが多い。最後に，結論をもう一度確認する。

5章

三角形と四角形

❶二等辺三角形

✔ 基本をチェック

❶二等辺三角形　❷頂角（ちょうかく）
❸底角（ていかく）　❹5
❺70　❻40
❼CBD　❽BD
❾CB　❿CBD
⓫2組の辺とその間の角
⓬CBD　⓭$ab>0$
⓮$a>0$，$b>0$　⓯反例（はんれい）

10点アップ！

1 ❶65°　❷30°　❸120°

2 △ABCと△DCBで，
仮定より，AB＝DC　……①
∠ABC＝∠DCB　……②
共通な辺だから，
BC＝CB　……③
①，②，③より，2組の辺とその間の角がそれぞれ等しいので，
△ABC≡△DCB
合同な図形の対応する角の大きさは等しいので，
∠ACB＝∠DBC
したがって，∠ECB＝∠EBC
よって，△EBCは二等辺三角形である。

3 ❶逆（ぎゃく）…$x^2+y^2=0$ならば，$x=0$，$y=0$
○
❷逆…3の倍数は6の倍数である。
例 9（3，9，15など3の奇数（きすう）倍の数）

解説

1 ❶二等辺三角形の底角は等しいから，
∠x＝(180°－50°)÷2＝65°
❷∠x＝180°－75°×2＝30°
❸3つの辺が等しいので正三角形。
∠x＝60°＋60°＝120°

2 まず，∠ECB，∠EBCをそれぞれもつ△ABCと△DCBの合同を証明する。次に，三角形の2つの角が等しいことから△EBCが二等辺三角形であることを示す。

ミス注意！
最後の結論，「よって，△EBCは二等辺三角形である」を書き忘れないようにする。

3 「○○○ならば，□□□」の逆は，
「□□□ならば，○○○」
❶正の数，または負の数を2乗すると，かならず正の数になるので，x，yどちらも0でなければならない。したがって，逆は正しい。
❷3，9，15など3の奇数倍（1倍，3倍，5倍，…）の数は3の倍数であるが，6の倍数ではないので，正しくない。

❷直角三角形の合同

✔ 基本をチェック

❶（直角三角形の）斜辺（しゃへん）と1つの鋭角（えいかく）
❷（直角三角形の）斜辺と他の1辺
❸CBD　❹CD
❺BD　❻斜辺と他の1辺
❼角の大きさ　❽D
❾E　❿DF
⓫BC

10点アップ！

1 合同な三角形…△ABC≡△KLJ
合同条件…2組の辺とその間の角がそれぞれ等しい
合同な三角形…△DEF≡△PQR

合同条件…(直角三角形の)斜辺と1つの鋭角がそれぞれ等しい

合同な三角形…△GHI≡△MON

合同条件…(直角三角形の)斜辺と他の1辺がそれぞれ等しい

2 △ABCと△ADEで,

仮定より,∠ACB＝∠AED＝90° ……①

AB＝AD ……②

共通な角だから,

∠BAC＝∠DAE ……③

①,②,③より,直角三角形の斜辺と1つの鋭角がそれぞれ等しいので,

△ABC≡△ADE

合同な図形の対応する辺の長さは等しいので,

AC＝AE

解説

1 等しい長さの斜辺があれば,直角三角形の合同条件が使えるかどうかを考える。

△PQRで,∠PQR＝180°−(30°+90°)＝60°だから,△DEFと△PQRは4cmの斜辺と60°の角がそれぞれ等しい。

2 AB＝ADより,斜辺が等しいことがわかるので,直角三角形の合同条件を考える。

ミス注意!

斜辺の長さがわからない直角三角形は,「三角形の合同条件」で考える。

③ 平行四辺形,平行線と面積

基本をチェック

❶ 10　❷ 120

❸ 60　❹ 10

❺ BN　❻ BN

❼ 1組の対辺が平行でその長さが等しい

❽ 長方形　❾ ひし形

❿ △DBC　⓫ △ACD

⓬ △DCO

(❿〜⓬は,頂点の順がちがっていてもよい。)

10点アップ!

1 ❶ x…5　y…120　❷ x…55

2 平行四辺形の対角線はそれぞれの中点で交わるから,

OA＝OC ……①

OB＝OD ……②

仮定より,OE＝$\frac{1}{2}$OB ……③

OF＝$\frac{1}{2}$OD ……④

②,③,④より,OE＝OF ……⑤

①,⑤より,対角線がそれぞれの中点で交わるので,四角形AECFは平行四辺形である。

3

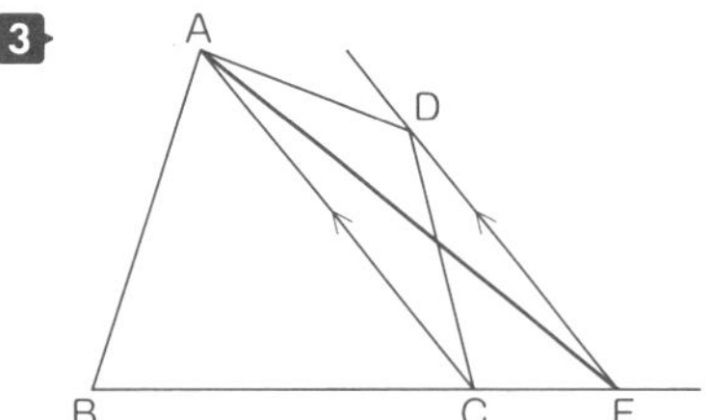

解説

1 ❶ 右のように平行四辺形ABCDを4つに分けた四角形はどれも平行四辺形である。

平行四辺形の対辺は等しいので,

GB＝PF＝$x$cmだから,x＝8−3＝5

また,平行四辺形の対角は等しいので,

∠PHC＝60°

よって,y＝180−60＝120

❷ ∠BCD＝180°−70°

＝110°

∠BCE＝110°÷2

＝55°

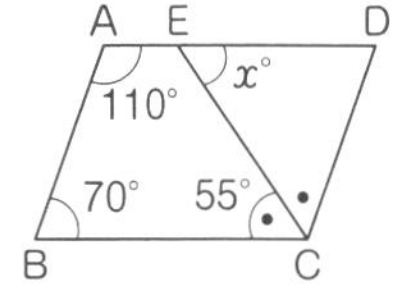

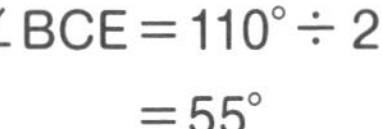

AD // BCより,錯角が等しいから,

$\angle CED = \angle BCE = 55°$

2 平行四辺形の性質「対角線はそれぞれの中点で交わる」を使って，OE＝OFを導く。

ミス注意！
角度や辺の長さを使うと，証明が複雑になる。平行四辺形になる5つの条件を忘れないように。

3 △ACD＝△ACEとなる点EをBCの延長上にとればよい。かき方の手順は次のようになる。
①対角線ACをひく。
②点Dを通り，ACに平行な直線をひき，BCの延長との交点をEとする。
③AとEを結ぶ。

6章 確率

① 確率の求め方

✔基本をチェック

❶確率　❷同様に確からしい
❸$\frac{a}{n}$　❹52
❺$\frac{1}{4}$　❻4
❼$\frac{1}{13}$　❽0
❾樹形図　❿青
⓫緑　⓬6
⓭2

10点アップ！

1 ❶正しくない　❷正しい　❸正しい

2 ❶$\frac{1}{6}$　❷$\frac{1}{2}$　❸$\frac{1}{3}$

3 ❶$\frac{3}{10}$　❷$\frac{7}{10}$

解説

1 ❶ 1の目が出る確率は$\frac{1}{6}$であるが，これは6回に1回の割合で1の目が出ることが期待できるということであり，60回投げて10回はかならず1の目が出るということではない。

❷ 1枚の硬貨を投げて表が出る確率は$\frac{1}{2}$，裏が出る確率も$\frac{1}{2}$で等しい。

❸赤玉が出る確率は$\frac{3}{5}$，白玉が出る確率は$\frac{2}{5}$だから，$\frac{3}{5} > \frac{2}{5}$で正しい。

2 1つのさいころを投げるときの起こりうる場合は全部で6通り。

❶ 3の目が出るのは1通りだから，求める確率は$\frac{1}{6}$

❷ 偶数(ぐうすう)の目は，2，4，6の3通りだから，求める確率は$\frac{3}{6}=\frac{1}{2}$

❸ 3の倍数の目は，3，6の2通りだから，求める確率は$\frac{2}{6}=\frac{1}{3}$

3 ❶ 20本のくじのうち，あたりくじは6本だから，求める確率は$\frac{6}{20}=\frac{3}{10}$

❷ 20本のくじのうち，はずれくじは14本だから，求める確率は$\frac{14}{20}=\frac{7}{10}$

ミス注意！
分数の約分を忘れないようにする。

② いろいろな確率

基本をチェック

❶ 20　❷ 6
❸ 6　❹ 20
❺ 3　❻ 10
❼ 4　❽ $\frac{4}{10}$
❾ 2　❿ 20
⓫ 8　⓬ $\frac{2}{5}$

10点アップ！

1 ❶ $\frac{1}{8}$　❷ $\frac{3}{8}$　❸ $\frac{7}{8}$
2 ❶ $\frac{5}{36}$　❷ $\frac{1}{4}$　❸ $\frac{8}{9}$
3 ❶ $\frac{1}{5}$　❷ $\frac{2}{15}$　❸ $\frac{14}{15}$

解説

1 3枚の硬貨(こうか)をA，B，Cと区別し，表を○，裏を×として，樹形図に表すと，全部で8通り。

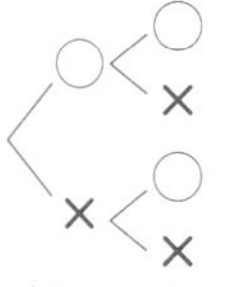

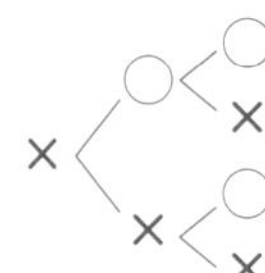

❶ 樹形図より，3枚とも表になる場合は1通りだから，求める確率は$\frac{1}{8}$

❷ 樹形図より，1枚は表で2枚は裏になる場合は3通りだから，求める確率は$\frac{3}{8}$

❸「少なくとも1枚は表になる」は，「3枚とも裏にならない」と同じことで，
(3枚とも裏にならない確率)＝1－(3枚とも裏になる確率)で求められる。
3枚とも裏になるのは1通りだから，
求める確率は，$1-\frac{1}{8}=\frac{7}{8}$

2 2つのさいころを投げたときの目の出方は全部で36通り。

❶ 出た目の数の和を表にすると，下のようになる。

小＼大	1	2	3	4	5	6
1	2	3	4	5	6	7
2	3	4	5	6	7	8
3	4	5	6	7	8	9
4	5	6	7	8	9	10
5	6	7	8	9	10	11
6	7	8	9	10	11	12

出た目の数の和が8になるのは，▒の5通り。

したがって，求める確率は，$\frac{5}{36}$

❷ 出た目の数の積が奇数(きすう)になるのは，2つとも奇数の目になる場合だから，
(1，1)，(1，3)，(1，5)，(3，1)，(3，3)，(3，5)，(5，1)，(5，3)，(5，5)の9通り。

したがって，求める確率は，$\frac{9}{36}=\frac{1}{4}$

❸「2 つとも 5 以上の目が出る」とならない確率を求める。2 つとも 5 以上の目が出る場合は(5，5)，(5，6)，(6，5)，(6，6)の 4 通りで，その確率は，$\frac{1}{9}$

したがって，求める確率は，$1-\frac{1}{9}=\frac{8}{9}$

ミス注意！

「○○となる確率」を1－「○○とならない確率」で求めるとき，1 からひくのを忘れないように。

3 赤玉を①，②，③，青玉を4，5，白玉を[6]として，取り出し方を樹形図に表す。

①－②○，③○，4，5，[6]
②－③○，4，5，[6]
③－4，5，[6]
4－5●，[6]△
5－[6]△

玉の取り出し方は全部で15通り。①-②と②-①のように取り出し方が同じものは樹形図にはかかない。

❶ 2 個とも赤玉の場合は，樹形図の○印の 3 通りだから，求める確率は，$\frac{3}{15}=\frac{1}{5}$

❷ 1 個が青玉，1 個が白玉の場合は，樹形図の△印の 2 通りだから，求める確率は，$\frac{2}{15}$

❸ (少なくとも 1 個が赤玉または白玉である確率)＝1－(2 個とも青玉である確率)だから，
→ 樹形図の●印の 1 通り

求める確率は，$1-\frac{1}{15}=\frac{14}{15}$

7 章 データの比較

① 四分位数と箱ひげ図

✔ 基本をチェック

❶ 第 2　❷ 第 1 四分位数（しぶんいすう）
❸ 第 3 四分位数　❹ 5
❺ 8　❻ 6
❼ 6.5　❽ 8.5
❾ 第 3　❿ 8.5
⓫ 2　⓬ 14
⓭ 6　⓮ 6
⓯ 3　⓰ 4
⓱ イ

10点アップ！

1 ❶ 第 1 四分位数…9℃
第 2 四分位数…10.5℃
第 3 四分位数…14℃
❷ 5℃

2

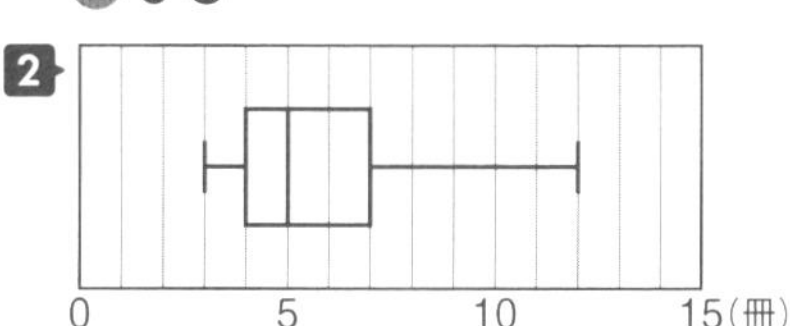

3 ❶ 読み取れない
❷ 正しい

解説

1 ❶ データの値を小さい順に並べると，次のようになる。

7　8　9　10　10
11　14　14　16　17

第 1 四分位数は，7，8，9，10，10の中央値より，9℃。

第 2 四分位数は，$\frac{10+11}{2}=10.5$(℃)

第3四分位数は，11，14，14，16，17の中央値より，14℃。

❷ 14－9＝5(℃)

2 データの値を小さい順に並べると，次のようになる。

3 3 4 4 4 5

5 5 6 8 9 12

最小値は，3冊。

第1四分位数は，3，3，4，4，4，5の中央値より，$\frac{4+4}{2}$＝4（冊）

第2四分位数はデータ全体の中央値より，

$\frac{5+5}{2}$＝5（冊）

第3四分位数は，5，5，6，8，9，12の中央値より，$\frac{6+8}{2}$＝7（冊）

最大値は，12冊。

3 ❶ 平均値は，箱ひげ図からは読み取れない。

❷ 中央値は，A組は13mより小さく，B組は13mより大きい。よって，記録が13m以上の人は，A組は最多の場合で17人，B組は最少の場合で18人となるから，正しい。

ミス注意！

平均値など，箱ひげ図からは読み取れないものもあることに注意する。